테이블 위
작은 정원

테이블 위 작은 정원

초판 1쇄 인쇄 2018년 5월 10일
초판 1쇄 발행 2018년 5월 15일

글쓴이 엠마 하디
옮긴이 정계준

펴낸이 김명희
책임 편집 이정은 | **디자인** 박두레
펴낸곳 다봄
등록 2011년 1월 15일 제395-2011-000104호
주소 경기도 고양시 덕양구 고양대로 1384번길 35
전화 031-969-3073
팩스 02-393-3858
전자우편 dabombook@hanmail.net

ISBN 979-11-85018-53-9 13520

이 도서의 국립중앙도서관 출판예정도서목록(CIP)은 서지정보유통지원시스템 홈페이지(seoji.nl.go.kr)와 국가자료공동목록시스템(www.nl.go.kr/kolisnet)에서 이용하실 수 있습니다.(CIP제어번호: CIP2018011231)

TINY TABLETOP GARDENS by Emma Hardy
"First published in the United Kingdom in 2017 under the title Tiny Tabletop Gardens by CICO Books, an imprint of Ryland Peters & Small, 20-21 Jockey's Fields, London WC1R 4BW"

* 책값은 뒤표지에 표시되어 있습니다.
* 파본이나 잘못된 책은 구입하신 곳에서 바꿔드립니다.

테이블 위
작은 정원
엠마 하디 글 정계준 옮김
다봄

글쓴이 엠마 하디

영국 왕립 원예 협회(RHS) 인증 2급 원예자격증을 가지고 있는 전문 가드너이다. 수년간 시에서 운영하는 시민 농장에서 정원을 가꾸고 있으며 현재 과일나무와 채소를 활용하여 좁은 공간에 가능한 한 많은 식물을 심는 방식의 도시 정원 만들기에 매진하고 있다. 정원을 설계하고 만드는 것을 즐기지만 가장 좋아하는 것은 손에 흙을 묻히며 화분에 식물을 심는 일이다. 저서로는 《겨울 정원》, 《작은 꼬마 정원 가꾸기》, 《도시 야생화 가드너》, 《어린이를 위한 식물 재배 기술》 등이 있다.

옮긴이 정계준

경상대학교 생물교육과와 고려대학교 대학원 생물학과를 졸업(이학박사)하였다. 현재, 경상대학교 사범대학 교수이다. 역서로는 《생명과학, 인간중심 (공역)》, 《왓슨분자생물학 (공역)》, 《필수유전학 (공역)》, 《생명과학, 지구의 생명 (공역)》이 있으며, 저서로는 《조경수로 좋은 우리자생수목》, 《한국의 말벌》, 《365일 꽃피는 정원 가꾸기》, 《노거수와 마을숲》이 있다.
블로그 '왕바다리의 생태정원'(http://blog.naver.com/prothneyi) 을 운영 중이다. (본 도서 내용 관련 문의 가능)

차례

책을 시작하며

가드닝은 취미 생활 중에서도 으뜸이다. 땅을 파고 잡초를 뽑으며 나무를 심고 돌보는 육체적 활동은 큰 만족을 준다. 정원 의자에 편안히 앉아 하루하루 달라지며 자라는 모습을 바라보는 것도 진정한 기쁨이다. 정원이나 마땅한 야외 공간이 없다고 하더라도 실망할 필요는 없다. 이 책에서는 실내에서의 식물 재배, 용기를 이용한 실외 재배, 식용식물 재배 그리고 테이블 위나 베란다 같은 특별한 경우에 응용할 수 있는 식물 재배 등 35가지 소규모 식물 재배 아이디어를 제안하고 있다.

각각의 아이디어는 실행에 필요한 도구와 재료는 물론이고 적합한 식물까지 추천하고 있다. 이 목록을 잘 살펴보고 필요한 아이디어를 선택하면 된다. 만약 완전 초보 가드너라면 이 목록을 그대로 지켜도 되고, 단순히 영감을 얻고자 하는 거라면 자신만의 아이디어를 추가해도 좋다. 또는 주위에서 구할 수 있는 식물을 사용하거나 자신이 좋아하는 새로운 조합을 만들 수도 있을 것이다. 정원을 어떻게 만들고 꾸며 나갈 것인지 단계별로 설명을 했으며 또한 그렇게 만든 작은 정원을 관리하고 유지해 나가는 방법도 일러두었다.

작업에 착수하기 전에 재료와 방법(8-11쪽 참고)을 잘 읽어 보는 것이 도움이 될 것이다. 적당한 용기, 건강한 식물 그리고 적합한 배양토 선택 등을 알려 주고 있기 때문이다. 이 책에서 언급되는 용기는 대부분 낡은 것으로, 중고품 가게나 시장에서 구할 수 있는 것들이다. 낡은 물통, 법랑 그릇, 낡은 양철통처럼 손때가 묻은 낡은 용기들은 식물을 돋보이게 한다. 그러니 눈을 크게 뜨고 적당한 중고품을 찾아보길 바란다.

만약 가드닝을 처음 해 보는 사람이라면 11쪽의 '필요한 도구와 장비'를 주목하기 바란다. 이런 기본적인 정원 도구는 이 책에서 계속 사용되므로 가급적 구비해 두면 좋으며, 사용 후에는 잘 청소하여 건조한 곳에 보관해 두면 오랫동안 사용할 수 있다.

가드닝의 가장 좋은 점은 인근의 꽃집에서 구입하든 온라인 주문을 하든 간에 다양한 식물을 이용할 수 있다는 것이다. 이런 작은 정원을 만들 때는 서로 다른 색의 조합, 질감과 형태의 조화, 그리고 잎이 관상 대상인 관엽식물과 꽃이 관상 대상인 관화 식물의 조합 등으로 아름다움을 창출하면서 즐거움을 찾을 수도 있다. 이 책의 여러 아이디어들을 실행해 보면서 즐거움을 찾길 바라며 또한 규모에 관계없이 자신만의 작은 정원을 만드는 데에 도움이 되길 바란다.

재료와 방법

소규모 가드닝의 장점 중 하나는 특별한 기술이 필요 없고, 많은 종류의 재료 없이 아름다운 식물로부터 커다란 즐거움을 얻을 수 있다는 것이다.

식재 용기의 선택과 준비

꽃집이나 화훼용품을 파는 가게에 방문하면 온갖 종류의 화분을 비롯하여 다양한 재질과 색, 크기의 식재 용기를 볼 수 있을 것이다. 그런 가게는 흙으로 빚어 구운 기본적인 토분이나 도자기 화분 등을 구입하기에는 아주 좋은 곳이지만 눈을 돌려 다른 곳에서 찾아보면 훨씬 흥미롭고 새로운 식재 용기를 발견할 수 있다. 식물을 심기 좋을 만한 얕은 물통(버킷), 양철통, 상자 등을 구하려면 중고품 가게나 고물상을 찾아보라. 낡은 양철통은 특히 좋은데, 배수를 위해 바닥에 구멍을 뚫기 쉬우며 밝고 다채로운 색을 연출하기 좋기 때문이다.

식물을 심을 용기를 선택할 때 중요한 고려 요소 중 하나는 용기 바닥에 배수 구멍이 있는지 혹은 배수 구멍을 뚫을 수 있는지 하는 점이다. 만약에 구멍 뚫기가 불가능하지만 꼭 그 용기를 사용하고 싶다면 실내용으로 쓰거나, 비를 맞지 않는 현관이나 발코니 등에 두어 과습을 방지하고 물 주기를 조절하며 사용한다.

식재 용기 준비하기

용기는 식물에 감염될 수 있는 해충이나 병균이 제거되도록 깨끗이 씻는 것이 중요하다. 비누를 푼 따뜻한 물에서 충분히 문질러 씻은 후 깨끗이 헹구고 말려서 사용한다.

배수 구멍 뚫기

준비한 용기에 식물을 심으려면 먼저 바닥에 배수 구멍을 뚫어야 배양토가 과습에 빠지지 않는다. 대부분의 식물은 과습을 싫어한다. 그러므로 금속이나 목재로 된 용기는 튼튼한 못과 망치로 바닥에 몇 개의 구멍을 뚫어 과잉의 물이 배출되게 해 준다.

용기 바닥에 화분 조각 깔기

용기 바닥의 배수 구멍 위에는 토분 조각, 깨진 타일, 사기그릇 조각 등을 약간 넣는다. 이런 조각들은 배양토가 배수구를 막는 것을 방지한다. 낡은 화분이나 타일 또는 사기그릇 등을 조심스럽게 망치로 깨뜨려 그 조각을 사용하면 된다. 깨뜨릴 때는 보호용 고글을 착용하는 것이 안전하다. 남은 조각들은 잘 간수했다가 다음에 사용한다.

식재할 식물의 선택과 준비

용기에 식물을 심을 때는 건강한 식물을 고르는 것이 매우 중요하다. 우선 심을 식물이 용기에 적당한 크기인지 고려해야 한다. 만약 뿌리가 자랄 공간이 부족하다면 식물은 건강하게 자라지 못할 것이다. 작은 규모의 가드닝을 할 때는 고산식물이나 다육식물 또는 키가 작게 자라는 성질을 가진 왜성종을 선택하도록 한다. 이들은 작은 용기 내에서도 잘 자란다. 가능하면 식물을 포트에서 조심스럽게 뽑아내어 작은 분에 심긴 채 너무 심하게 뿌리가 얽혔는지 그리고 해충과 병에 걸린 흔적이 있는지 살펴본다. 또한 잎과 꽃이 건강한지도 살펴보아야 한다.

뿌리 풀어 주기

작은 포트에 심긴 식물이나 포트에 심긴 채 오래 경과된 식물은 용기에 심기 전에 엉킨 뿌리를 헐겁게 풀어 준 후 심어야 잘 자란다. 손가락으로 조심스럽게 뿌리를 풀어 내며 뿌리가 손상되지 않게 주의한다.

물에 담그기

식물을 새 식재 용기에 심기 전에 뿌리를 물에 담가 충분히 흡수시킨 후 심으면 더욱 좋다. 물통에 뿌리를 담가 10분 정도(큰 식물은 좀 더 오래 담근다.) 흡수시키면 된다.

배양토

꽃집에서는 아주 다양한 식재용 배양토를 구비해 두고 있다. 초보자라면 어떤 배양토를 선택해야 할지 혼란스러울 정도이다. 배양토를 선택하는 데 있어서 유의해야 할 점을 알아보자. 식재용 배양토는 크게 두 종류, 즉 토양형 배양토와 비토양형 배양토(피트 또는 피트 대용품)로 나눌 수 있다.

토양형 배양토

이 책에서 소개하는 대부분의 작업에 적합하며 훌륭한 다목적용 배양토이다. 토양 양분이 풍부하여 심은 식물이 6-8주간 자라는 데 아무 문제가 없다(그 이후에는 영양제를 줄 필요가 있다.). 또한 배수가 잘되며 뿌리 성장도 잘된다. 다양한 식물에 적합하도록 양분의 정도를 달리한 배양토가 판매되고 있는데 다음과 같은 것이 대표적이다.

• 종자 파종용 배양토는 멸균 처리되었고 모종이 자라기 좋도록 양분 함량을 적게 한 것이다. 싹이 튼 모종은 어느 정도 자람에 따라 더 많은 양분을 요구하므로 보다 큰 포트에 옮겨 심어야 한다.

• 일반용 배양토는 용기에 재배하는 대부분의 식물에 적합하다. 양분 함량이 높은 배양토는 식물의 잎과 뿌리가 자라는 데 필요한 충분한 양분을 제공한다.

• 장기 지속형 배양토는 양분을 많이 함유하면서 천천히 용출되는 특성을 가지며 배수도 적당히 잘되어 영구 식재에 편리하다.

비토양형 배양토

가볍고 대개 토양형 배양토보다 가격도 싸지만 보수력이 약하여 너무 쉽게 마르므로 용기 재배의 경우 불편할 수 있다. 기온이 높은 지역에서 더욱 그러하다. 단기간의 식물 재배에 특히 좋으며 양분을 적게 함유하므로 주기적으로 물과 함께 영양분을 줄 필요가 있다. 큰 통이나 용기에 심어 장기간 재배하는 경우에는 적합하지 않으며 그런 경우에는 토양형 배양토가 좋다. 피트는 이끼류가 죽어 퇴적된 후 반쯤 탄화된 것인데, 환경에 좋지 않으므로 피트가 혼합된 배양토의 사용은 자제하자.

특수 배양토

까다로운 생육 조건을 요구하는 식물도 있는데, 이런 경우에는 그 식물에 맞게 조제된 배양토를 구입해 쓰는 게 좋다.

• 선인장과 다육식물용 배양토는 배수가 잘되도록 왕모래를 함유하는데 소량 구매가 가능하다. 만약 선인장용 배양토를 구하기 어려우면 일반적인 다목적용 배양토에 왕모래나 잔돌 등을 적당히 섞어 사용하면 된다.

• 진달래과 식물 전용 배양토는 석회석 토양을 싫어하는 식물(84-87쪽 참고)에 적합한데 pH가 7 이하이다. 소포장으로도 공급되기 때문에 작은 용기에 심을 때 편리하다.

배양토 첨가 재료

화분 배양토에 재료를 첨가하면 더 좋은 결과를 얻을 수 있다. 원예용 왕모래나 모래 또는 잔돌은 배수를 좋게 하며 화분 배양토의 과습을 막아 준다. 작은 식물의 경우에는 입자가 작은 모래를 써야 뿌리가 손상되지 않는다. 버미큘라이트[1]와 펄라이트[2]는 꽃집에서 구입할 수 있는데 화분 배양토를 가볍게 해 주며 배수와 공기 유통을 좋게 한다. 이런 첨가 재료는 필수적인 것은 아니지만 식재 용기를 이용하는 가드닝에서 매우 유용하다.

배양토에 첨가 재료 사용하기

1) 질석을 약 1,000℃에서 구운 것으로 배양토의 재료로 쓴다. 무게가 아주 가볍고 통기성과 보수성이 우수하며 무균 상태이므로 파종, 삽목, 화분 식재용으로 많이 쓰인다.

2) 진주암이나 흑요암을 분쇄하여 고온으로 발포 처리한 백색의 다공질체로서 매우 가볍고 공극성이 좋아 토양 개량제로 이용되며 특히 옥상정원 공사용 배양토로 많이 사용된다.

피복과 마감 장식

피복은 수분을 보존하고 장식적인 의장을 위해 배양토 위를 덮어 주는 것이다. 조약돌 피복은 다육식물과 선인장에 매우 적합한데 식물의 잎을 축축한 배양토에 닿지 않게 할 뿐 아니라 미관상으로도 좋다. 다양한 색깔의 조약돌이 공급되고 있으며 조약돌 대신에 작은 조개껍질이나 모래, 잔돌 등을 쓸 수도 있다. 그러나 조개껍질이나 조약돌을 해변에서 함부로 가져와서는 안 된다는 것을 잊지 말자. 마감 장식으로 이끼를 대신 쓸 수도 있는데 보기도 좋고 싱싱해 보인다.

관리와 유지

용기에 심은 식물에 대해 올바른 유지 방법이 확립된다면 식물이 번성할 것이고 많은 기쁨을 누릴 수 있을 것이다. 각 작업에 대해 맞춤형 관리 방법을 소개하겠지만 우선 일반적인 식물 관리 방법부터 알아보자.

물 주기

용기에 식물을 재배할 때 물 주기는 매우 중요하다. 땅에 심긴 식물보다 훨씬 빨리 마를 수 있으며 특히 날씨가 따뜻하면 더 빨리 마른다. 주기적으로 식물을 살펴보고 적당한 때 물을 주는 일은 작은 화분이나 큰 통에 심은 식물을 잘 관리하는 데 있어서 필수적인 일이며 식물의 성장기에는 더욱 중요하다.

대부분의 식물은 배양토가 흥건히 젖은 상태로 있거나 너무 메마른 것을 싫어하며 적당하게 축축한 것을 좋아한다. 여름에는 매일 화분을 살펴보고 필요할 때마다 물을 주어야 한다. 저녁때 물을 주면 햇볕에 의한 심한 증발을 피할 수 있어 좋다. 그러나 식물이 시드는 기미가 보인다면 때를 가리지 않고 즉시 물을 줄 필요가 있다. 며칠 집을 비우게 될 때는 식물을 그늘진 곳에 옮겨 두면 수분이 더 오래 유지될 것이다. 물론 집을 비우기 직전에 충분히 물을 주는 것도 잊어서는 안 된다.

식재 용기가 작을 경우 특히 빨리 마르기 쉬운데 이 경우 보수력이 좋은 재료를 섞어 주면 좋다. 식물을 심기 전에 배양토에 함께 섞어 주기만 하면 된다.

배수 구멍이 없는 용기에 심긴 실내 식물은 과습에 빠지기 쉬우므로 보다 주의 깊은 물 주기가 필요하다. 배양토를 매주 관찰하여 필요할 때 물을 주되, 식물이 과습 상태에 빠지지 않도록 주의한다. 실내 식물, 테라리엄[1] 및 나무줄기나 바위 등에 붙어서 사는 착생식물은 매주 소형 분무기로 분무해 줄 필요가 있다. 선인장과 다육식물은 건조함에 매우 강하지만 그래도 배양토가 적당한 수분을 간직할 때 건강하게 유지된다. 그러나 과습은 금물이다.

영양제 주기

일반적 배양토에 식재했다면 약 6-8주 정도는 식물 성장에 필요한 양분이 공급될 수 있다. 그러나 그 이후에는 추가적인 영양분을 공급해 주어야 식물이 건강하게 자랄 수 있는데, 물에 비료를 희석하여 액비로 주거나 서서히 용출되는 과립형 영양제를 배양토에 섞어 줄 수 있다.

• 액비는 제각기 다른 양분을 요구하는 여러 식물에 맞도록 다양한 종류가 조제되어 있다. 믿을 만한 일반적인 용도의 영양제라면 대부분의 실외 식물에 사용할 수 있다. 사용설명서를 잘 읽고 지침대로 희석하여 매주 또는 격주로 준다. 토마토나 실내 식물 등에는 특별 시비(비료 주기)를 하는 것도 유용하다.

• 서서히 녹는 영양제는 식물을 심기 전에 배양토에 섞어 줄 수도 있고, 이미 심긴 화분의 겉흙 위에 얹어 두거나 살짝 묻어 두면 주기적으로 액비를 주는 수고를 덜 수 있다.

• 엽면시비는 희석된 영양제를 식물체에 직접 분무해 주는 방법으로 즉각적인 효과를 기대할 수 있다. 이 방법은 일시적이고 바로 효과를 나타내지만 배양토에 양분을 주는 것 대신 사용하는 방법이 될 수는 없으며 배양토에 양분을 주는 방법이야말로 식물을 더욱 건강하게 해 줄 것이다. 엽면시비를 한 직후 식물을 직사광선에 두면 잎이 피해를 입을 수 있다.

시든 꽃대 자르기

시든 꽃과 잎을 잘라 주는 것은 새로운 성장을 촉진하고 때로 개화를 촉진하기도 한다. 식물도 깔끔하고 보기 좋다. 식

1) 밀폐된 유리그릇이나 주둥이가 작은 유리병 안에서 작은 식물을 재배하는 것.

시든 꽃대 자르기

물의 꽃대를 잘라 주면 양분을 씨앗 기르는 데 쓰는 대신 새로운 성장에 쏟을 수 있게 된다. 연한 줄기라면 손으로 꺾으면 되고 단단한 줄기를 자를 때는 가위나 전정가위를 이용하면 된다. 꽃대를 잘라 주면 꽃에 꼬이기 쉬운 해충과 병원균을 제거하는 효과도 얻을 수 있다.

병해충

병해충은 식물을 단기간에 죽일 수도 있으므로 경계를 소홀히 할 수 없다. 식물이 보기 좋고 건강하게 오래 잘 자라길 바란다면 문제가 생겼을 때 즉시 해결해야 한다. 아래의 간단한 법칙을 따른다면 식물은 번성하게 될 것이다.

• 식물을 심기 전에 반드시 용기를 깨끗이 세척한다.

• 튼튼하고 화분에 뿌리가 너무 꽉 차지 않으면서 건강한 뿌리를 가진 식물을 구입한다. 병해충의 흔적이 없는 식물을 골라야 하는 것은 말할 필요도 없다.

• 양질의 배양토를 사용하고, 배양토가 심으려는 식물에 부합하는지 생각한다.

• 문제를 제때 발견할 수 있도록 식물을 잘 관찰하도록 한다. 그러면 병해충 발생의 징후를 빨리 파악하고 해결할 수 있게 된다.

• 주기적으로 영양제를 준다면 식물이 보다 건강해지고 병해충의 피해도 적게 입게 될 것이다.

진딧물(자주진딧물과 검정진딧물)은 식물에서 즙액을 빨아 먹어 큰 피해를 입히는 흔한 해충이다. 진딧물이 조금 발생했을 때는 손가락으로 문질러 제거할 수 있다. 만약 심하게 발생했다면 식기 세척용 세제를 물로 희석하여 식물에 분무해 준다. 물론 살충제를 써도 되지만 정원에 살충제를 쓰는 것은 바람직하지 않다.

회색곰팡이병은 곰팡이로 인한 감염병으로 잎에 하얀 가루가 생기는 것으로 알 수 있다. 습하고 환기가 잘 안 되는 환경에서 발생하기 쉽다. 환기가 잘되게 하고 필요하다면 친환경 곰팡이 살균제를 사용한다. 간혹 식물이 심하게 건조한 환경에 놓였을 때 잎에 흰 가루가 생기기도 하는데 이 때는 충분한 물과 영양제를 주면 회복된다.

Tip. 만약 해충이나 병이 심하다면 상업적으로 판매되는 농약을 이용한다. 이때 가급적 친환경 천연 농약을 선택하는 게 좋다. 천연 농약은 식물을 건강하게 하며 해충을 구제하는 데 도움이 되는 다른 야생 생물에 해를 끼치지도 않는다.

필요한 도구와 장비

가드닝에 필요한 기본적인 도구를 소개한다. 소개되는 도구는 이 책의 여러 주제에 모두 유용하게 쓰이는 것이다. 가급적 좋은 도구를 준비해 두면 좋다. 잘 관리한다면 오랫동안 쓸 수 있을 것이다.

꽃삽
정원용 포크
금속 숟가락
정원용 장갑
망치와 튼튼한 못
(용기에 배수 구멍 뚫기용)

전정가위
가위
정원용 끈
식물 이름표
소형 물뿌리개
소형 분무기

1장

실내 정원

관리 방법

크라술라, 셈페르비붐, 하워르티아 등과 같은 다육식물은 건조한 토양 환경을 좋아하므로 물을 과도하게 주면 안 된다. 반드시 배양토가 마른 후에 물을 주도록 한다.

화려한 캔에 실내 식물 기르기

빈 통조림 캔을 활용하는 멋진 아이디어로, 화려하고 밝은 상표가 있는 캔이라면 더욱 효과적이다. 실내에서 재배하기 좋은 작은 식물을 심어 여러 개를 조화로이 배치하면 사랑스럽고 이색적인 아름다움을 연출할 수 있다.

준비물

화려한 상표가 인쇄된 못 쓰는 캔

망치와 튼튼한 못

잔자갈

배양토

준비할 식물

세덤 '마트로나'

우주목

베고니아 '비리프'

하워르티아 쿠페리

무늬은행목

셈페르비붐 에리스라엠 (하우스릭)

크라술라 오바타

하워르티아 아테누아타

1 세제를 탄 물로 캔을 깨끗이 씻고 잘 헹군 후 말린다. 못과 망치를 이용하여 캔의 바닥에 배수 구멍을 몇 개 뚫는다. 만약 식물을 건조한 상태가 유지되어야 하는 장소에 둘 경우에는 캔 아래에 화분 받침을 두거나 캔에 배수 구멍을 내지 않고 사용하면 되는데, 이 경우 물을 과도하게 주면 안 된다.

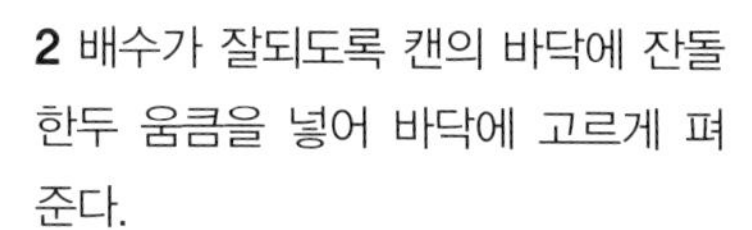

2 배수가 잘되도록 캔의 바닥에 잔돌 한두 움큼을 넣어 바닥에 고르게 펴 준다.

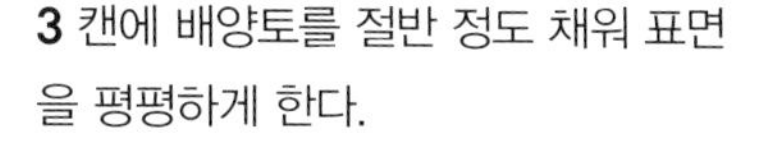

3 캔에 배양토를 절반 정도 채워 표면을 평평하게 한다.

4 심을 식물을 포트에서 뽑아 캔에 잘 들어갈 수 있도록 배양토를 조금 털어낸다. 식물 뿌리를 캔 안에 넣되, 식물의 뿌리가 흙과 얽혀져 있는 부분인 근발의 상부가 캔의 테두리 조금 아래에 위치하도록 한다. 남은 공간에 배양토를 더 채우고 가볍게 다져 준다. 나머지 캔도 같은 방법으로 심으면 된다. 물을 주되 배양토가 심하게 젖지 않을 정도로 준다.

1

2

3

4

작은 유리병으로 테라리엄 만들기

밀폐된 유리그릇이나 주둥이가 작은 유리병 안에서 작은 식물을 재배하는 테라리엄은 작고 깜찍한 유리병이 안성맞춤이다. 환기가 가능하도록 병마개가 열리고 철사 걸이를 가진 병이라면 충분하다. 이런 병을 구할 수 없다면 마개가 너무 헐거워져 못 쓰게 된 병을 이용해도 좋다. 이런 병을 이용할 때는 심으려는 식물이 습한 환경에서 잘 적응하는 종류인지 확인해야 한다.

준비물

나사식 마개를 가진 유리병

잔자갈

바닥용 숯
(밀폐된 병에 심을 때 사용. 반려동물용품점에서 구입 가능)

작은 숟가락

배양토
(소량의 모래나 버미큘라이트를 첨가한 것)

마감 장식용 모래(선택 사항)

페인트 브러시

장식용 조개껍질, 조약돌, 잔돌 등

식물에 분무할 때 쓰는 소형 분무기

준비할 식물

알로에 유벤나(비취전)

홍옥

피토니아 알비베니스

관리 방법
만약 병이 완전히
밀폐되었다면 이따금
뚜껑을 열어 공기를
통하게 해 주어야
한다.

1
2
3
4
5
6
7
8
9

1 먼저 병을 깨끗이 씻어 말린다. 병의 바닥에 잔자갈을 두 움큼 넣는다. 자갈을 넣을 때 병이 깨지지 않도록 병을 기울여 조심스레 넣는다. 만약 환기가 되지 않는 밀폐된 병을 사용한다면 이 단계에서 얇게 숯을 깔아 주면 좋은데, 악취를 제거하는 데 도움이 된다. 그러나 뚜껑이 열린 병을 사용한다면 숯을 넣을 필요는 없다.

2 숟가락을 사용하여 바닥 자갈이 보이지 않도록 배양토를 넣는다. 병을 똑바로 세운 채 넣어야 자갈이 바닥에 평평하게 유지된다.

3 제일 먼저 심을 식물을 포트에서 뽑고 조심스럽게 뿌리 주변의 배양토를 약간 제거한다. 뿌리가 손상되지 않도록 주의한다.

4 식물의 뿌리부터 병에 넣어 배양토 위에 앉힌다. 손가락으로 식물을 잡고 쓰러지지 않게 한다. 병이 너무 작아 손가락을 넣기 어려우면 숟가락을 사용한다.

5 식물의 뿌리 쪽에 추가로 배양토를 넣어 뿌리를 덮어 준다. 숟가락의 등으로 배양토를 다져 식물을 안정시킨다. 배양토를 너무 많이 넣으면 안 되는데, 테라리엄에 크고 검은 무늬가 생기기 때문이다.

6 깨끗이 씻은 숟가락으로 작은 자갈이나 약간의 마감 장식용 모래를 배양토 위에 덮는다. 숟가락으로 살살 고르고 눌러 빈 곳이 없게 하고 평평하게 만든다.

7 페인트 브러시로 식물에 묻은 모래나 배양토를 털어 낸다. 병의 내부도 마찬가지로 깨끗이 닦아 준다. 다른 병에도 똑같은 방법으로 심는다.

8 잔자갈이나 모래로 마감한 위에 조개껍질 몇 개를 넣어 장식한다. 조개껍질 대신 조약돌로 장식해도 좋다.

9 소형 분무기를 사용하여 테라리엄에 물을 조금 준다. 단, 배양토가 너무 심하게 젖지 않도록 해야 한다. 병마개를 닫으면 완성이다.

관리 방법

따뜻한 곳이라면 매주 두 번씩 식재 과정의 1단계처럼 식물을 물에 담가 준다. 그러나 추운 곳이라면 그렇게 자주 담글 필요는 없다. 만약 잎이 말리기 시작했으면 식물이 탈수 상태이므로 다시 싱싱해지도록 하룻밤 동안 물에 담가 둔다.

나무토막에 착생식물 기르기

틸란드시아는 매우 흥미로운 식물이다. 나무줄기나 바위 등에 부착하여 자라는 착생식물로, 배양토가 필요 없으며 주기적으로 물을 주는 것을 제외하면 거의 신경 쓸 일도 없다. 충분한 자연광을 필요로 하면서도 직사광선 아래에서는 잘 자라지 못한다. 적절한 공기 순환과 높은 습도를 유지해 준다면 이 식물에겐 최적의 조건이 될 것이다.

준비물

얕은 그릇

굴피와 같은 나무껍질 또는 나무토막

소형 분무기

준비할 식물(선택)

틸란드시아 안드레아나

틸란드시아 바일레이

틸란드시아 불보사

틸란드시아 푸크시

틸란드시아 트리컬러

1 얕은 그릇에 물을 채운다. 빗물이 좋지만 수돗물을 사용해도 좋다. 착생식물을 물에 완전히 담가 몇 분 정도 흡수시킨다. 그런 후 식물을 들어내어 물기가 빠지게 둔다.

2 나무껍질을 탁자 위에 올려놓고 식물을 앉힐 구멍, 틈 등을 살펴본다. 식물이 손상되지 않도록 주의하며 첫 번째 착생식물을 구멍 안에 밀어 넣는다. 또 다른 착생식물을 나무껍질의 적당한 곳에 앉힌다. 식물의 색과 질감을 다양하게 하면 보기 좋다.

3 습기가 유지되도록 소형 분무기로 매일 또는 며칠에 한 번씩 분무해 준다.

1

2

3

유리병에 수생식물 기르기

연못이나 수조 없이도 수생식물을 재배할 수 있다. 크기가 서로 다른 몇 개의 유리병에 모래, 잔자갈, 조개껍질, 잔돌 등을 넣은 후 한두 포기의 수생식물을 넣어 주면 색다른 테이블 위 정원을 연출할 수 있다. 가정 수조용 수생식물이 바람직한데 이들은 대개 크기가 작기 때문이다. 연못에서 자라는 식물은 병에서 재배하기에는 너무 크게 자란다.

준비물

유리병

수조용 모래 및 잔자갈
(반려동물용품점이나 화훼용품점에서 구입)

숟가락

조개껍질과 조약돌

미리 받아 둔 수돗물
(염소 같은 화학 약품의 증발을 위해 뚜껑이 없는 물통에 하루이틀 받아 둔 것)

준비할 식물(선택)

아포노게톤 울바세우스

에키노도루스 블레헤리

에키노도루스 '오젤롯'

관리 방법

병을 직사광선이 비치지 않는 곳에 두어야 병 내부에 조류가 생기는 것을 억제할 수 있다. 물의 수위가 떨어지면 헌 칫솔이나 천으로 병의 내부를 닦아 조류를 제거한 다음 물을 채우면 깨끗한 상태를 유지할 수 있다.

1 먼저 병을 깨끗이 씻어 말린다. 각 병의 바닥에 모래를 조금 깐다.

2 첫 번째 식물을 병에 넣고 뿌리를 모래에 심는다. 병이 작아서 손을 넣기 어렵다면 숟가락을 이용한다.

3 원한다면 두 번째 식물을 더 심을 수 있다. 그러나 먼저 심은 식물이 너무 크다면 두 번째를 심을 공간이 충분치 않을 수도 있다.

4 조개껍질과 조약돌을 모래 위에 올려놓아 병을 장식한다. 화훼용품점에서 구입할 수 있다.

5 조개껍질이나 조약돌 대신 잔자갈을 덮어도 된다. 잔자갈을 넣을 때 식물이 다치지 않도록 조심한다. 자갈층이 평평해지도록 잘 고른다.

6 나머지 병도 같은 방법으로 심고, 각각의 병에 물을 채운다. 물을 채울 때 숟가락의 등을 받치고 천천히 채워 모래와 잔자갈이 흐트러지지 않도록 주의해야 한다. 물을 채운 후에는 가만히 두어 병을 안정시킨다. 물을 채운 직후에는 거품이 일고 흐리겠지만 몇 시간 지나면 맑아질 것이다.

물이끼 공에 식물 기르기

일본어로 '코케다마'라 부르는 물이끼 공은 만들기도 쉽고 멋지게 장식하며 키울 수 있는 실내 식물이다. 식물의 뿌리를 물이끼로 감싸서 공처럼 만드는데, 보기도 좋고 물을 주며 관리만 잘하면 오랫동안 건강하게 유지할 수 있다. 물이끼 공은 접시 위에 두거나 나일론 실로 묶어 매달아 둘 수 있다. 물 주기가 편한 곳에 매달아 두어야 함을 잊지 말자.

1 심을 식물을 포트에서 뽑아 조심스럽게 배양토를 약간 털어 낸다. 뿌리가 다치지 않도록 주의해야 한다.

2 배양토 2에 분재용 배양토 1의 비율로 혼합하여 사용하면 보수력과 배수가 모두 적절하게 된다. 보수력을 높일 필요가 있다면 배양토에 물이끼를 약간 첨가하면 되지만 필수는 아니다. 배양토에 물을 조금 부어 촉촉하게 한다.

준비물

배양토

분재용 배양토

물이끼(선택 사항)

판으로 된 이끼
(꽃집이나 화훼용품점에서 구입)

나일론 실
(낚시점에서 구입)

가위

준비할 식물

팔레놉시스(호접란)

좀나도히초미

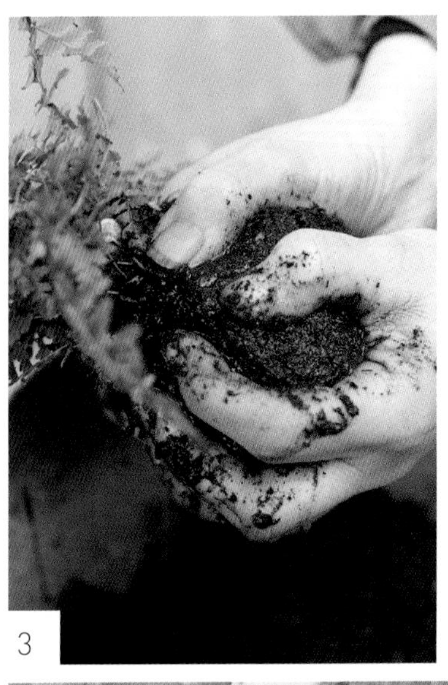

3

4

3 식재할 식물의 뿌리 주변에 젖은 배양토 한 주먹을 보태어 둥글게 공 모양으로 만든다. 배양토 속 여분의 물은 조심스럽게 짜 낸다.

4 판으로 된 이끼를 작업대 위에 두되 윗면을 아래로 가게 한다. 배양토로 감싼 식물의 뿌리를 이끼 위에 놓고 이끼를 잘 당겨 전체를 감싼다.

5 이끼가 너무 많은 곳은 잘라 내어 전체적으로 깔끔하고 둥근 모양이 되게 한다. 이끼는 신축성이 좋아 단정한 모양으로 만들기가 쉽다.

6 나일론 실로 이끼 공을 돌려 묶고 매듭을 짓는다. 그런 후 이끼 공이 깨어지지 않고 잘 유지되도록 나일론 실로 이끼 공을 계속 감는다. 이때 식물이 다치지 않도록 조심한다. 다 감으면 실의 매듭을 짓고 깨끗하게 마무리한다. 이끼 공에 물을 주고 여분의 물은 배수시킨다.

관리 방법

난초는 따뜻하며 직사광선이 비치지 않는 해가림 아래를 좋아한다. 정기적으로 물을 주어 뿌리가 심하게 건조해지지 않게 해야 되지만 과습을 매우 싫어하므로 이끼 공의 배수도 잘되어야 한다.

선인장과 다육식물 정원 만들기

선인장과 다육식물 정원은 정말 매력적인데 만들기 쉽고 관리에 손이 덜 가며 넓은 공간이 없는 경우에도 완벽한 작은 정원으로 꾸밀 수 있다. 심은 용기는 물기로 손상될 수 있는 테이블 같은 곳에 두어서는 안 되며 그런 곳에 둘 때는 테이블을 보호할 수 있도록 물 받침대 위에 두어야 한다.

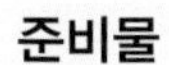

준비물

낡은 사각형의 금속 케이크 팬 또는 비슷한 용기

망치와 튼튼한 못

배수용 화분 조각

배양토 (배수가 잘되도록 약간의 모래나 버미큘라이트를 첨가한 배양토가 좋음)

잔자갈

준비할 식물

은색횃불선인장(취설주)

크라술라 무스코사 (녹탑)

유포르비아 트리고나 (채운각)

하워르티아 쿠페리

카랑코에(당인)

무늬은행목

산세베리아 '펀우드'

세덤 부리또(청옥)

세덤 스푸리움 (화모전)

셈페르비붐 에리스라엠 (하우스릭)

셈페르비붐 에리스라엠 '푸에고'

셈페르비붐 '스프링미스트'

1

2

3

4

5

6

1 케이크 팬은 바닥이 넓어서 물이 고이기 쉬우니 배수가 잘되도록 만들어야 한다. 망치와 못으로 바닥 몇 군데에 배수 구멍을 뚫는다.

2 화분 조각으로 배수 구멍을 덮어 배양토가 구멍을 막지 않도록 한다.

3 절반 높이까지 배양토를 채우고 평평하게 고른다.

4 심을 식물을 배열한다. 가시가 있는 선인장은 찔리지 않도록 조심하며 마음에 들 때까지 이리저리 배치한다. 일반적으로 키가 큰 식물은 뒤쪽에 심고 작은 것은 앞쪽에 심으면 잘 어울리지만 식물의 색과 모양도 감안하여 조화로이 배치하면 좋다.

5 배양토를 마저 채워 식물을 심는다. 배양토가 부족한 공간이 없도록 가볍게 다져 넣고 표면을 평평하게 고른다.

6 배양토 표면에 잔자갈을 깔아 마감한다. 잔자갈을 넣을 때는 연약한 식물이 상처입지 않도록 조심한다. 물을 주고 과잉의 물이 배수될 때까지 그대로 둔다.

관리 방법

선인장과 다육식물은 거의 잔손이 가지 않지만 그래도 이따금 물은 주어야 한다. 수돗물은 광물질이 배양토와 잎에 축적되므로 미지근한 빗물을 사용하는 것이 바람직하다.

관리 방법

다육식물은 물을 많이 요구하지 않으며 과습 상태의 배양토를 좋아하지 않는다. 따라서 수시로 관찰하여 필요할 때 물을 주되 너무 과도하게 주어서는 안 된다.

고둥 껍데기에 다육식물 기르기

다육식물은 쉽게 뿌리를 내리며 생육 조건이 까다롭지 않아서 이런 재배 방식에 이상적인 식물이다. 모양과 색깔 또한 고둥 껍데기와 잘 어울린다. 여러 종류의 식물을 조합하여 아름답게 꾸며 보자.

준비물

큰 고둥 껍데기

적합한 배양토
(선인장 및 다육식물 전용 배양토)

준비할 식물(선택)

아이오니움 아르보레움
'아트로푸르푸레움'(흑법사)

알로에 유벤나(비취전)

코틸레돈 파필라리스

에케베리아 '퍼플 펄'

파키피툼 글루티니카울레
(도전희)

흰꽃세덤

세덤 누스바우메라눔

홍옥

세덤 스탈리(옥엽)

셈페르비붐 에리스라엠
(하우스릭)

1

2

3

4

1 고둥 껍데기 안에 배양토를 채운다. 배양토를 고둥 껍데기 안에 깊숙이 다져 넣어 식물의 뿌리가 자라 들어갈 공간을 충분히 확보하도록 한다.

2 식물의 뿌리를 몇 분 정도 물에 담가 적신 후 포트에서 뽑는다. 뿌리 주변의 배양토를 약간 제거하여 근발을 헐겁게 한 후 고둥 껍데기 안으로 뿌리를 밀어 넣는다.

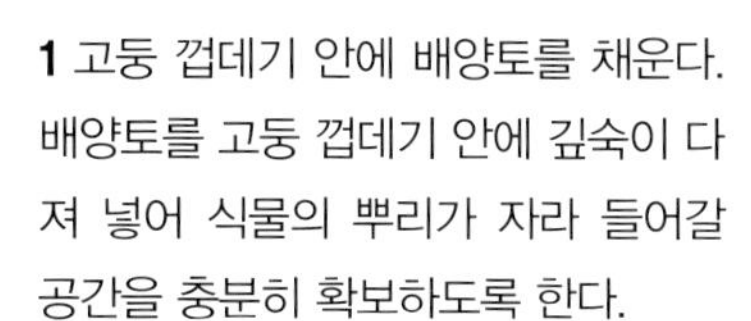

3 두 번째 식물도 뿌리의 배양토를 일부 제거하고 뿌리를 고둥 껍데기 속에 밀어 넣어 단단히 다져 준다.

4 마지막 식물을 뽑아서 배양토 일부를 털어 내고 뿌리를 두 식물 사이에 집어넣는다. 손가락이나 연필의 무딘 쪽을 사용하여 배양토 속에 뿌리가 완전히 심기도록 한다. 다른 고둥 껍데기에도 같은 방법으로 심는다. 조심하여 물을 준 후 배수를 시킨다. 선택한 다육식물이 튼튼하고 햇볕을 좋아하는 종류라면 실외에 두고 즐길 수 있다. 그렇지 않다면 실내에 두고 즐겨야 한다.

유리 돔에 난초와 고사리 기르기

아름다운 난초와 섬세한 고사리가 심긴 멋진 유리 돔으로 우아한 실내 정원을 만들어 보자. 근발이 작은 팔레놉시스(호접란)를 선택하면 좋다. 살아 있는 물이끼로 외관을 마감한다면 물이끼의 싱싱함을 즐길 수도 있다. 물이끼는 적당하게 습기가 유지되면 아름다운 색을 유지한다. 화훼 시장이나 꽃집에 주문하면 구할 수 있는데, 판 모양으로 판매되는 마른 물이끼를 사용해도 된다.

1 돔의 바닥은 방수가 되어야 습기로 인한 손상을 막을 수 있다(만약 바닥이 나무로 만들어진 것이라면 얇은 비닐 시트를 깔거나 아래에 받침을 받쳐야 한다.). 잔자갈을 고르게 펴 준다.

준비물

방수되는 바닥을 가진 유리 돔

잔자갈

바닥용 숯

굵은 자갈(선택 사항)

소형 분무기

준비할 식물

아스파라거스 덴스플로루스 스프렝게리 그룹 (아스파라거스 스프렌게리)

이끼

팔레놉시스(호접란)

관리 방법

유리 돔 내에서 식물은 잘 자랄 것이다. 그러나 며칠에 한 번씩은 돔을 열어 습기 상태를 점검해 줄 필요가 있다. 너무 말랐다 싶으면 이끼에 분무를 해 준다.

2

3

4

5

6

7

2 잔자갈 위에 숯을 뿌린다. 숯은 배양토와 이끼에서 나는 나쁜 냄새를 흡수해 준다.

3 잔자갈과 숯 위에 한 층의 배양토를 덮는다. 이때 가운데 부분을 약간 높게 한다.

4 포트에서 난초를 뽑아 뿌리를 감싸고 있는 배양토를 조심스럽게 일부 제거한다. 뿌리를 배양토 위에 두고 배양토로 뿌리를 덮어 고정한다.

5 아스파라거스 모종에서 뿌리를 잡아당겨 약간만 떼어 낸다. 가장자리에서 일부를 떼어 내면 된다. 이때 뿌리를 다치지 않게 조심하여 다룬다.

6 떼어 낸 아스파라거스를 배양토 위에 심는다. 마찬가지로 배양토로 뿌리를 덮고 잘 다져 흔들리지 않게 고정한다. 큰 자갈을 뿌리 부분 위에 눌러 고정할 수도 있다.

7 이끼를 배양토 위에 덮고 단단히 눌러 보기 좋게 마감한다. 분무기로 식물과 이끼에 분무해 준 다음 유리 돔을 덮는다.

작은 항아리에 다육식물 기르기

작은 항아리는 뿌리가 많이 번지 않고 물을 많이 줄 필요가 없는 소규모 다육식물 재배 용기로 그만이다. 각각의 항아리에 색과 질감이 서로 다른 서너 종류의 식물을 선택하여 심고 배양토 위에 조약돌을 약간 올려놓으면 멋질 것이다.

준비물

장식성이 좋은 낡고 작은 사각형 금속 항아리나 비슷한 용기

잔자갈

배양토

준비할 식물

크라술라 아르보레스켄스

크라술라 오바타

에케베리아 '퍼플 펄'

세데베리아 '블루자이언트'

세덤 스탈리(옥엽)

셈페르비붐 '오하이오 버건디' (적바위솔)

녹영

1 잔자갈 한 움큼을 항아리 바닥에 깐다.

0
5
55
10
50
15
20
25

관리 방법
밝은 곳에 두고 물은
필요할 때만 매우 인색하게
준다. 물을 많이 주면
안 된다는 것을 항상
명심하자.

2 배양토를 적당히 넣고 먼저 넣은 잔자갈과 가볍게 섞어 나중에 물을 주더라도 배양토가 지나치게 다져지지 않게 한다.

3 심는 식물의 뿌리와 뿌리를 싸고 있는 배양토는 축축해야 하지만 너무 젖어도 좋지 않다. 그러므로 식물을 심기 전에 물에 2–3분 정도만 담갔다가 배수가 되게 한다. 첫 번째로 심을 다육식물(무엇을 먼저 심든 상관없다.)을 포트에서 뽑아 뿌리 주변의 배양토를 조금 제거한 후 첫 번째 항아리에 심는다.

4 똑같은 방법으로 나머지 식물도 차례로 심는다. 심을 때 항아리에 잘 들어가도록 뿌리 주변 여분의 배양토를 약간 털어 낸다.

5 손가락 끝으로 식물 주변의 배양토를 다져서 식물을 단단하게 안정시킨다.

6 배양토가 적다 싶으면 식물 주변에 추가로 넣는다. 빈틈이 없도록 잘 다지고 표면을 고른 후 브러시로 식물에 묻은 배양토를 제거한다. 다음 항아리도 같은 방법으로 심는다.

7 심은 배양토 위에 잔자갈을 한 층 깐다. 잔자갈은 보기에도 좋지만 배양토가 수분을 간직하는 데도 도움이 된다. 마찬가지로 식물체 위에 걸려 있는 자갈도 제거한다. 심은 후 곧바로 물을 줄 필요는 없고 며칠 그대로 안정시킨 후 배양토 건조 상태를 확인하고 물을 주면 된다.

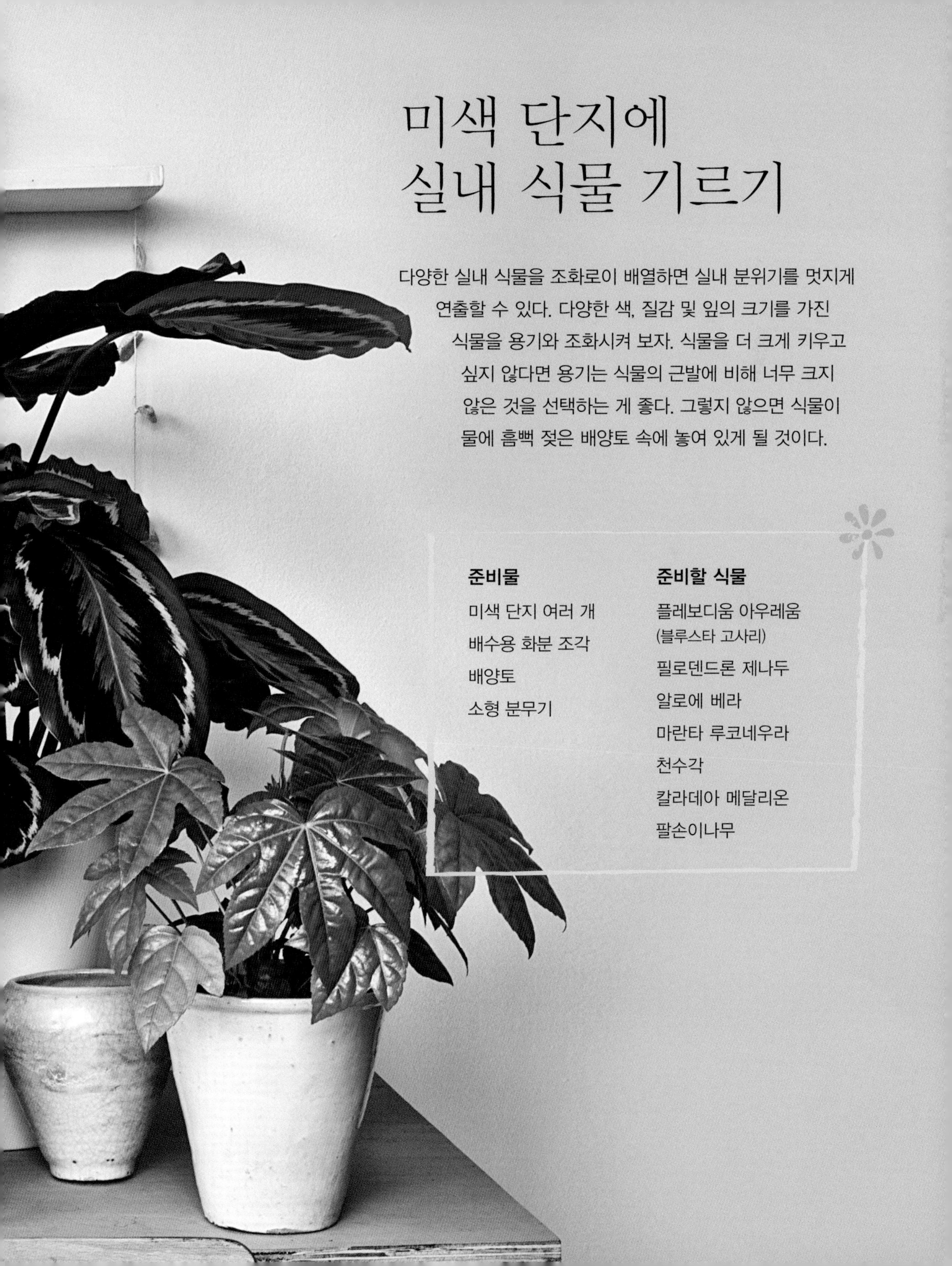

미색 단지에 실내 식물 기르기

다양한 실내 식물을 조화로이 배열하면 실내 분위기를 멋지게 연출할 수 있다. 다양한 색, 질감 및 잎의 크기를 가진 식물을 용기와 조화시켜 보자. 식물을 더 크게 키우고 싶지 않다면 용기는 식물의 근발에 비해 너무 크지 않은 것을 선택하는 게 좋다. 그렇지 않으면 식물이 물에 흠뻑 젖은 배양토 속에 놓여 있게 될 것이다.

준비물

미색 단지 여러 개
배수용 화분 조각
배양토
소형 분무기

준비할 식물

플레보디움 아우레움 (블루스타 고사리)
필로덴드론 제나두
알로에 베라
마란타 루코네우라
천수각
칼라데아 메달리온
팔손이나무

1 용기에 배수 구멍이 있다면 바닥에 배수용 화분 조각을 약간 깔아 배양토가 배수 구멍을 막지 않게 한다.

2 배양토를 약간 깔고 평평하게 고른다. 단, 너무 많이 넣지 않도록 주의한다.

3 첫 번째 심을 식물을 장식용 용기에 넣는다. 심는 식물의 근발 윗면이 심는 용기의 테두리에서 3센티미터 정도 아래에 놓이도록 근발의 배양토를 털어 내거나 식재 용기에 까는 배양토를 조절한다.

4 근발 주위에 추가로 배양토를 채운다. 가장자리를 잘 다져 넣어 빈 곳이 생기지 않도록 한다. 다른 용기에도 같은 방법으로 식재한다. 물을 주고 여분의 물이 잘 빠지게 둔다.

5 실내 식물은 잎에 수시로 물을 뿌려 주는 것을 좋아한다. 분무기로 식물의 잎에 자주 물을 뿌려 건강 상태를 유지해 준다.

1
2
3
4

5

관리 방법

정기적으로 배양토를 살펴서 필요할 때 물을 준다. 만약 바닥에 배수 구멍이 없다면 물을 과도하게 주어서는 절대 안 된다.

2장

실외 정원

법랑 국자에 다육식물 기르기

심플한 법랑 국자에 예쁜 다육식물을 심으면 정말 훌륭한 결과를 연출할 수 있다. 국자는 컵 부분이 큰 것을 선택해야 식물의 뿌리가 뻗고 자랄 공간이 넉넉해진다. 무리지어 자라는 다육식물에서 약간을 떼어 낸다. 다육식물은 대체로 생명력이 강하여 약간 거칠게 다루어도 문제가 없다. 떼어 낸 식물을 잘 심어 고정하면 곧 새 뿌리를 내리고 싱싱하게 자란다.

준비물

법랑 국자

배양토

잔자갈 약간

준비할 식물

왼쪽 국자 :

이끼

가운데 국자 :

에케베리아 '펄 폰 뉘른버그'

흰꽃세덤

세덤 부리또(청옥)

홍옥

셈페르비붐 '오하이오 버건디'(적바위솔)

오른쪽 국자 :

아나캄프세로 텔레피아스트룸(취설송)

크라술라 오바타

세덤 스파툴리폴리움 '케이프 블랑코'(은설)

1 식물의 뿌리 부분을 10분 정도 물에 담가 배양토가 젖게 한다. 국자의 바닥에 배양토 한 주먹을 넣고 배수가 잘되도록 잔자갈을 약간 섞는다.

2 크기가 큰 식물부터 심는데, 포트에서 식물을 뽑고 배양토를 약간 털어 내어 근발의 크기를 줄인다. 국자의 한쪽에 식물을 심는다.

1

2

3 또 다른 약간 큰 다육식물을 골라 마찬가지로 여분의 배양토를 털어서 제거한다. 먼저 심은 식물 뒤쪽에 심고 잘 고정한다.

4 보다 작은 다육식물을 추가로 심는다. 경우에 따라 큰 식물에서 작은 줄기를 떼어 심어도 된다. 먼저 심은 큰 줄기의 주변에 잘 배열해 심고 배양토를 잘 다진다.

5 배양토를 추가로 넣어 빈 곳을 메우고 잘 다져 식물이 흔들리지 않게 한다.

6 잔돌을 배양토 위에 한 층 뿌리고 손가락으로 잘 골라 준다. 잔돌을 깔면 보기도 좋고 배양토의 습기 유지에도 도움이 된다. 다른 국자에도 같은 방법으로 심는다. 작업이 끝나면 조심스럽게 물을 주며 여분의 물이 잘 빠지게 한다.

3

4

5

6

관리 방법

다육식물은 건조함에 매우 강하지만 정기적으로 배양토를 점검하여 완전히 말랐으면 물을 주어야 한다.

금속 용기에 흰 꽃 기르기

낡은 금속 용기에 심플한 하얀색 꽃을 심어 보면 그 아름다움에 깜짝 놀라게 된다. 크기는 다르면서 동일한 색의 몇 가지 화초를 섞어 심으면 조화가 잘될 것이다. 큰 꽃잎을 가진 코스모스, 꽃송이가 작은 페튜니아와 제비꽃, 꽃이 섬세한 유포르비아 등은 모두 서로 조화가 잘되는 종류이다.

준비물

깊이가 있는 금속 용기

망치와 튼튼한 못

배수용 화분 조각

배양토

준비할 식물

흰 코스모스

유포르비아 히페리키폴리아 (유포르비아 '다이아몬드 프로스트')

흰색 페튜니아

흰제비꽃

1 식물은 모두 뿌리 부분을 약 30분 정도 물에 담가 흡수시킨다. 사용할 금속 용기의 바닥에 배수 구멍이 없다면 못과 망치를 이용하여 바닥 전체에 걸쳐 몇 개의 구멍을 뚫는다.

2 배수 구멍 위에 화분 조각을 덮어 배양토가 배수 구멍을 막지 않도록 한다.

3 용기에 절반 정도로 배양토를 채우고 고르게 편다.

4 흰제비꽃을 포트에서 뽑아 뿌리를 가볍게 풀어 준 다음 용기의 뒤쪽에 심는다.

5 코스모스를 흰제비꽃 다음에 심는다. 심는 식물의 근발 맨 위가 용기의 테두리에서 3센티미터 정도 아래에 위치하도록 하여야 된다.

6 다음으로 페튜니아와 유포르비아를 용기의 앞쪽에 심는다. 배양토를 추가로 채우고 빈틈이 없게 마무리한다. 전체적으로 물을 준다.

관리 방법

따뜻한 곳에서는 배양토를 자주 점검하여 말랐다 싶으면 물을 준다. 시든 꽃대를 수시로 잘라 주면 지속적으로 꽃이 필 것이다.

금속 서랍에 팬지와 페튜니아 기르기

페튜니아를 검정색 및 자주색 팬지와 함께 심어 멋진 테이블 장식을 해 보자. 특별한 날에는 양초를 꽂아 분위기를 낼 수도 있다. 그때를 대비해 양철로 된 작은 케이크 팬이나 작은 유리병을 배양토 속에 넣어 두면 양초 받침대로 이용할 수 있다(양초를 꽂는 자리는 식물체에 너무 가깝지 않도록 한다.). 금속 서랍은 반영구적인 장식이며, 빽빽하게 심을 수 있는 이상적인 식재 용기이다.

준비물

오래된 금속 서랍

배수용 화분 조각

배양토

이끼

양초와 양초 받침대 (선택 사항)

준비할 식물

아이비 4포기

검정색 페튜니아 3포기

페튜니아 '트레일링 카푸치노' 9포기

검정색 팬지 9포기

자주색 팬지 3포기

1 모든 식물의 뿌리 부분을 물에 담가 흡수시킨다. 작은 것은 5–10분 정도 두고 큰 것은 조금 더 오래 담근다. 서랍의 바닥에는 배수 구멍을 낸다(8쪽 참고). 배수 구멍에 화분 조각을 덮어 배양토로 구멍이 막히는 것을 방지한다. 그러면 배수가 훨씬 빨라지게 된다.

1

2 서랍에 배양토를 절반 정도 채우고 잘 펴서 평평하게 고른다.

2

3 페튜니아를 여기저기 심을 곳에 배치한다. 필요에 따라서 배양토를 가감할 수 있다. 근발 맨 윗부분의 높이는 반드시 심는 용기의 테두리 높이보다 낮아야 한다.

4 검정색과 자주색 팬지를 페튜니아 주변에 심는다. 전체적으로 조화를 이루면서 식물이 가득 차게 심으면 아름답게 보일 것이다.

5 아이비를 용기 옆 부분 가장자리에 심어 줄기가 용기 밖으로 늘어지게 연출한다.

6 배양토를 더 넣어 빈 곳을 메운다. 배양토가 부족한 공간이 생기지 않도록 유의한다. 배양토의 표면을 잘 다져 단단하게 한다. 이끼를 조금씩 뜯어 배양토 위에 덮고 누른다. 이끼를 덮으면 장식이 되어 용기 전체가 아름답게 보일 것이다. 마지막으로 물을 준다.(장식을 위해 촛불을 켰을 때는 불이 켜진 채로 내버려 두지 않도록 유의한다.)

관리 방법

주기적으로 배양토를
점검하여 적당한 물기를
머금게 한다. 그러나 과습은
좋지 않다. 개화 기간이
길어질 수 있도록 시든
꽃대는 잘라 준다.

노란색 법랑 대야에 봄꽃 기르기

춥고 우중충한 겨울 끝 무렵이 되면 아름다운 봄꽃이 간절히 기다려진다. 이럴 때 예쁜 화분이라면 겨울의 끝자락을 날려 버릴 수 있을 것이다. 옅은 노란색의 법랑 대야는 꽃의 색깔을 돋보이게 한다. 그러니 파스텔 톤의 대야나 용기를 구하여 히아신스, 무스카리, 천상초, 팬지 등을 심고 마지막에 싱싱한 이끼로 마감해 보자.

준비물

낡은 법랑 대야
배수용 화분 조각
배양토
이끼

준비할 식물

히아신스 2–3포기
무스카리 아우케리
무스카리 아주레움
천상초
짙은 자주색 및 옅은 라일락 색의 팬지

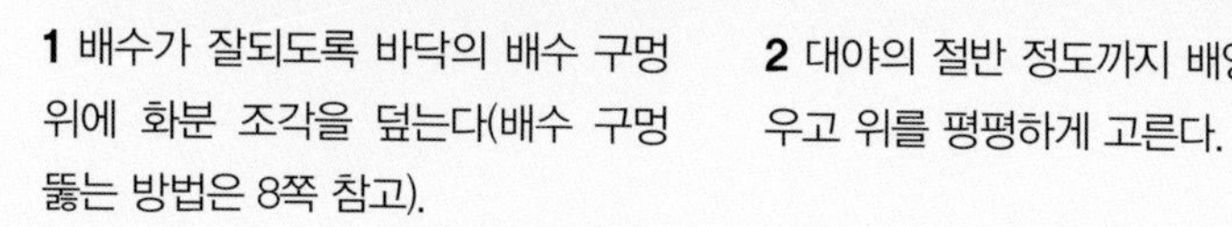

1 배수가 잘되도록 바닥의 배수 구멍 위에 화분 조각을 덮는다(배수 구멍 뚫는 방법은 8쪽 참고).

2 대야의 절반 정도까지 배양토를 채우고 위를 평평하게 고른다.

3 히아신스를 포트에서 뽑아 구근 주위의 배양토를 일부 제거한다. 대야의 배양토 위에 놓고 배양토를 돋우어 자리를 잡는다.

4 무스카리를 히아신스 옆에 심고 배양토로 북을 돋우어 쓰러지지 않게 한다.

5 나머지 식물은 뿌리 부분을 물에 5–10분 담가서 흡수시킨다. 천상초를 용기의 가장자리에 심는다.

6 팬지는 용기 내에 빈 공간이 없도록 먼저 심은 식물의 사이사이 곳곳에 심는다.

7 배양토를 추가로 채워 넣고 표면을 고르게 다듬는다.

8 약간의 이끼로 배양토 전면을 덮는다. 이끼를 식물의 뿌리목에도 빠지지 않게 잘 펴 주고 깔끔하게 정리하면 보기 좋을 것이다. 마지막으로 물을 준다.

관리 방법

주기적으로 식재 용기를 관찰하여 적당하게 물기를 머금게 관리한다. 팬지는 꽃이 지는 대로 꽃대를 잘라 주면 계속 꽃이 핀다. 만약 히아신스가 수명이 다하여 죽는다면 제거하고 그 자리에 팬지를 대신 심으면 전체적으로 싱싱함을 유지하게 될 것이다.

찻주전자와 항아리에 식물 기르기

예쁜 찻주전자와 항아리에 화단용 식물을 심어 멋지게 연출해 보자. 낡고 오래된 찻주전자와 항아리는 중고품 가게나 벼룩시장에서 값싸게 구입할 수 있는데, 여기에 식물을 심으면 여름철 파티나 모임이 있을 때 우아하게 장식할 수 있다.

관리 방법

지속적으로 꽃이 필 수 있도록 주기적으로 꽃대를 잘라 준다. 배양토를 가끔 살피고 마르면 적당히 물을 준다. 배양토는 촉촉하되 흠뻑 젖은 상태가 되어서는 안 된다.

준비물

다양한 찻주전자와 항아리

잔자갈

배양토

펄라이트 또는 버미큘라이트 (선택 사항)

준비할 식물

연한 핑크색 마가렛

보라색, 빨간색 미니 페튜니아(밀레니엄벨)

코랄색 다이아시아

보라색 페튜니아

버베나

1

2

3

4

5

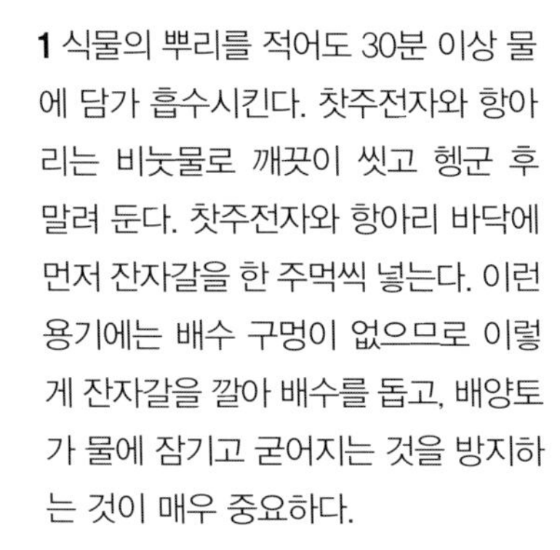

1 식물의 뿌리를 적어도 30분 이상 물에 담가 흡수시킨다. 찻주전자와 항아리는 비눗물로 깨끗이 씻고 헹군 후 말려 둔다. 찻주전자와 항아리 바닥에 먼저 잔자갈을 한 주먹씩 넣는다. 이런 용기에는 배수 구멍이 없으므로 이렇게 잔자갈을 깔아 배수를 돕고, 배양토가 물에 잠기고 굳어지는 것을 방지하는 것이 매우 중요하다.

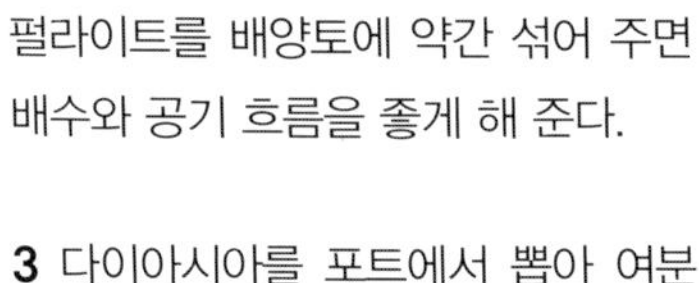

2 배양토를 넣는다. 버미큘라이트나 펄라이트를 배양토에 약간 섞어 주면 배수와 공기 흐름을 좋게 해 준다.

3 다이아시아를 포트에서 뽑아 여분의 배양토를 털어 낸다. 이때 뿌리가 다치지 않도록 한다. 찻주전자나 항아리의 주둥이가 좁을 경우 특히 주의한다.

4 조심스럽게 뿌리를 찻주전자에 밀어 넣는다. 식물의 근발 윗면은 용기의 테두리보다 아래에 위치해야 한다. 만약 식물이 너무 깊게 위치한다면 바닥에 배양토를 더 넣어 식물을 들어 올린다. 다른 찻주전자와 항아리에도 나머지 식물을 같은 방법으로 심는다.

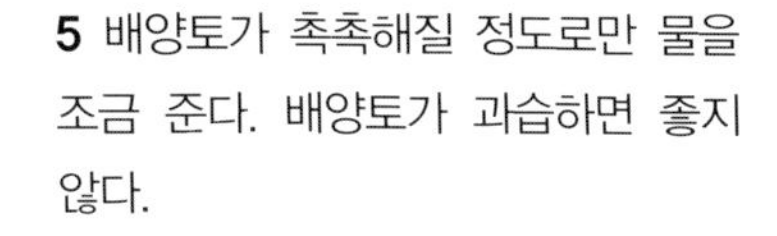

5 배양토가 촉촉해질 정도로만 물을 조금 준다. 배양토가 과습하면 좋지 않다.

금속 구유에
꽃과 관엽식물 기르기

만약 방의 창틀 폭이 넓다면 그곳을 환상적으로 꾸며 볼 수 있다. 일반 화단용 식물 대신 화려하게 꽃이 핀 휴케라, 휴케렐라, 매화헐떡이풀 등을 심고 잎이 풍부한 비비추를 곁들여 심으면 좋을 것이다. 우선 크고 깊이가 있는 구유를 찾아보자. 이런 구유는 뿌리가 뻗을 공간이 넉넉하여 식물이 잘 자란다.

준비물

금속 구유
망치와 튼튼한 못
배수용 화분 조각
배양토

준비할 식물

휴케라 '체리콜라'
휴케라 '마호가니'
휴케렐라 '아르누보'
휴케렐라 '핫스팟'
휴케렐라 '솔라파워'
비비추 '구아카몰'
비비추 '셰르본 스위프트'
매화헐떡이풀 '스프링 심포니'

1 식물의 뿌리 부분을 물에 20분 정도 또는 충분히 젖을 때까지 담가 흡수시킨다. 망치와 못을 이용하여 구유의 바닥에 배수 구멍을 몇 개 뚫는다. 배수 구멍에 화분 조각을 덮어 배양토로 구멍이 막히는 것을 방지한다.

2 구유의 절반 정도까지 배양토를 채우고 표면을 고른다.

3 비비추를 포트에서 뽑아 구유의 한 쪽 끝에 심는다.

4 그 다음 식물을 비비추 옆에 심는다. 같은 방식으로 구유 전체에 적당하게 식물을 심는다. 여러 식물의 근발 높이가 비슷하도록 맞추고 필요하다면 배양토를 더 보충한다.

5 빈 곳이 없도록 유의하며 배양토를 채워 넣는다. 배양토의 표면을 평평하게 고른 후 물을 준다. 여분의 물은 잘 빠지게 해 준다.

2

3

4

5

관리 방법
여름에는 일반적인 용도의
영양제를 2-3주에
한 번씩 주면 식물이
최상의 상태를 유지하게
될 것이다.

나무 상자에 주황색 꽃 기르기

이런 나무 상자는 보물 상자와도 같다. 뚜껑을 열면 현란한 주황색과 노란색 꽃들이 빛을 내뿜는 보물 상자 말이다. 상자를 못 쓰게 만들고 싶지 않다면 목재를 보호할 수 있도록 내부에 비닐 시트를 덧대고 물을 줄 때도 그 위로 넘치지 않게 한다. 상자에 구멍 뚫는 것을 개의치 않는다면 첫 번째 단계는 생략하고, 배수가 잘될 수 있도록 화분 조각을 충분히 깐다.

준비물

낡은 나무 상자
검정색 비닐 시트
스테이플러
배양토

준비할 식물

노랑가막사리
미니 페튜니아
뱀무
아프리칸 데이지
아이슬랜드 양귀비
(주황색, 노란색)
팬지 6포기

1 식물의 뿌리를 충분히 젖을 때까지 20분 정도 물에 담근다. 나무 상자 내부에 검정색 비닐 시트를 붙인다. 모서리 부분은 잘 접어 넣고 스테이플러로 곳곳을 고정한다.

2 상자에 배양토를 절반 정도 채우고 표면을 평평하게 고른다.

3 가장 키가 큰 식물(여기서는 아프리칸 데이지)을 골라 상자의 뒤쪽에 심는다.

4 계속해서 키가 큰 순서로 식물을 심는다. 배양토가 모자라면 더 넣고 남으면 덜어 낸다. 모든 식물의 근발 높이가 일치해야 하며 상자의 테두리보다 낮아야 한다.

5 큰 식물들 사이의 빈 곳에는 작은 식물을 심어 메꾸고 상자 가장자리 밖으로도 식물이 약간 벋어 나가게 심으면 보기 좋다.

6 배양토를 몇 움큼 더 추가하고 잘 다져 빈 공간이 없게 하고 표면을 잘 고른다. 물을 주면 마무리되는데, 너무 질퍼덕하게 주지 않도록 주의한다.

관리 방법
지속적으로 꽃이 피게
하려면 주기적으로 시든
꽃대를 잘라 준다.

얇고 낡은 양철통에 식물 기르기

달리아는 매우 다채로운 꽃을 피운다. 그리고 현란한 색의 양철통은 달리아의 아름다움을 받쳐 줄 수 있으며 실내든 실외든 잘 어울린다. 배수가 잘되도록 유의해야 하는데 달리아는 과습한 배양토에서는 결코 잘 자라지 않으며 꽃도 잘 피우지 않기 때문이다.

준비물

양철통 여러 개
망치와 튼튼한 못
배수용 화분 조각
잔자갈
배양토

준비할 식물

달리아 '아마존'
달리아 '달리에타 폴라'

1

2

3

4

5

1 달리아의 뿌리를 포트째로 물에 30분 정도 담가 흡수시킨다. 양철통의 바닥에는 배수 구멍이 있어야 배양토가 과습 상태에 빠지지 않는다. 망치와 못을 이용하여 양철통의 바닥에 배수 구멍을 몇 개 뚫는다.

2 양철통의 배수 구멍 위에 화분 조각을 깔아 배양토가 구멍을 막지 않도록 한다.

3 잔자갈 두 주먹을 양철통의 바닥에 깐다. 잔자갈을 까는 것 역시 배수가 잘되도록 하기 위함이다.

4 양철통의 절반만큼 배양토를 채우고 표면을 고른다. 배양토가 없는 빈 공간이 생기지 않도록 유의한다. 양철통을 바닥에 가볍게 톡톡 치면 배양토가 골고루 채워질 것이다.

5 달리아를 포트에서 뽑아 뿌리를 감싸고 있는 여분의 배양토를 제거한다. 뿌리가 상하지 않도록 주의한다. 달리아를 양철통에 심고 추가로 배양토를 채운다. 배양토의 표면이 양철통의 테두리에서 3센티미터 정도 아래에 위치하도록 해야 물 주기가 편리하다. 다른 양철통에도 같은 방법으로 심어 나간다. 물은 조금만 주어야 한다.

관리 방법

더운 날씨라면 며칠에 한 번씩은 배양토를 살펴보고 적절하게 수분이 유지되도록 해야 된다. 그러나 과습은 안 된다.

금속 화분에 벼과 식물과 꽃 기르기

단순한 색의 금속 화분에 화려한 꽃을 심어 보자. 여기에 벼과 식물을 덧붙여 심는다면 매우 감각적이고 현대적인 모습이 연출되어 요즘 가드닝에서 인기 있는 초원의 재현처럼 보일 것이다. 이 책에서 사용한 화분은 옆 부분에 많은 구멍이 있기 때문에 이끼로 둘러 배양토가 흘러 나가지 않게 하였다. 만약 이끼를 충분히 구할 수 없다면 삼베와 같은 올이 굵고 성긴 천으로 대신할 수 있다.

준비물

금속 화분

검정색 비닐 시트

이끼

배양토

준비할 식물

아스트란티아

센트란투스 루베르 코키네우스

좀새풀

디기탈리스 푸르푸레아

오레곤개망초

유포르비아 히페리키폴리아 (유포르비아 '다이아몬드 프로스트')

흰색 샐비어

1 식물의 뿌리가 충분히 젖도록 30분 정도 물에 담근다. 화분 바닥에 구멍이나 있다면 튼튼한 비닐 시트를 깔아서 배양토가 흘러 나가는 것을 막는다. 비닐 시트는 구석까지 잘 밀어 넣는다.

2 화분의 옆 부분 구멍으로 배양토가 새는 것을 막고 또 장식을 하기 위해 옆 부분에 이끼를 두른다. 바닥에서부터 이끼를 깔아 위쪽으로 올라오면 된다.

3 꽃삽으로 배양토를 떠서 이끼를 따라 넣으며 이끼를 고정시킨다. 한 손으로 이끼를 지탱하면서 다른 손으로 배양토를 넣으면 이끼가 움직이지 않을 것이다.

4 같은 방법으로 화분의 나머지 옆 부분을 이끼와 배양토로 감싼다. 이끼를 지탱하도록 배양토를 빙 둘러 넣고 식물을 심게 될 내부는 남겨 둔다.

5 맨 먼저 벼과 식물을 포트에서 뽑고 추후 성장이 잘될 수 있게 뿌리를 약간 풀어 헤친 다음 화분 양쪽에 심는다.

6 아스트란티아를 가운데에 심는다.

7 키 큰 식물 순서대로 심는다. 배양토는 상황에 따라 더 넣거나 덜어 낸다. 심는 식물의 근발 윗면은 모두 비슷하게 유지해야 한다.

8 작은 식물을 큰 식물 사이의 빈 공간에 채워 심는다. 식물체 일부가 화분의 밖으로 약간 늘어지게 배치하면 자연스럽고 보기 좋다.

관리 방법

따뜻한 계절에는 주기적으로 화분을 살펴보고 마를 때마다 물을 준다. 이런 화분은 손이 덜 가고 내버려두어도 잘 유지되므로 물을 주는 것을 제외하면 거의 신경 쓰지 않아도 된다.

9

10

9 배양토를 추가로 넣고 다져 빈틈이 없게 하고, 배양토 표면을 평평하게 고른다.

10 식물 아래에 이끼를 약간 깔아도 좋다. 그러나 식물이 너무 빽빽하게 심겼다면 이끼를 깔 필요가 없다. 물을 주고 배수를 시키면 완성이다.

물통으로 전원풍 정원 만들기

전원풍의 정원을 좋아한다면 땅이 없더라도 그런 기분을 충분히 즐길 수 있다. 아연 도금이 된 심플하고 낡은 물통에 여름 꽃을 한가득 심어 둔다면 아름다운 전원풍 정원이 될 수 있을 것이다.

준비물

아연 도금 된 물통
망치와 튼튼한 못(선택 사항)
배수용 화분 조각
배양토

준비할 식물

옥스아이데이지 '필리그란'
루피너스 '카메롯 로즈' 2주
퍼시카리아 비스토르타(범꼬리)
흰색 샐비어

1 식물은 모두 뿌리를 물에 20분 정도 담가 충분히 흡수시킨다. 물통에 배수 구멍이 없다면 못과 망치를 이용하여 몇 개 뚫는다. 배양토가 배수 구멍을 막지 않도록 배수 구멍 위에 화분 조각을 덮는다.

2 물통의 절반 정도까지 배양토를 채우고 표면을 고른다. 맨 먼저 옥스아이데이지를 포트에서 뽑아 물통의 뒤쪽부터 심는다. 상황에 따라 배양토를 추가하거나 덜어 내어 식물의 근발 표면이 물통의 테두리에서 약 5센티미터 아래에 위치하도록 한다.

3 샐비어를 옥스아이데이지 바로 앞 왼쪽에 심는다. 그 다음 퍼시카리아를 같은 방법으로 심되 이번에는 바로 앞 오른쪽에 심는다. 배양토는 마찬가지로 필요에 따라 가감한다.

4 마지막으로 루피너스를 먼저 심은 식물의 사이에 심는다. 배양토를 추가하여 빈틈이 없도록 잘 다지고 표면을 고른다. 물을 주고 배수를 시킨다.

1

2

3

4

관리 방법

정감이 가는 이런 전원풍의 화분 정원은 주기적인 꽃대 자르기와 영양 공급(10쪽 참고)을 해 주면 여름철 몇 달 동안 지속적으로 꽃을 피우게 될 것이다.

3장

식용식물 정원

물통에 블루베리 기르기

블루베리는 매우 아름다운 식물이면서 여름철에는 맛있는 열매도 맺는다. 산성 토양을 좋아하므로 진달래과 식물 전용 배양토에 심어야 건강하게 잘 자란다. 또 성장기에는 매주 영양을 공급해 주어야 꽃과 열매를 많이 맺는다. 솔체꽃과 네메시아를 곁들여 심으면 아름다우면서 실용적인 연출이 될 것이다.

준비물

아연 도금 된 대형 물통

배수용 화분 조각

진달래과 식물 전용 배양토

준비할 식물

보라색 네메시아 3포기

솔체꽃 3포기

블루베리

1 식물을 모두 20분 정도 물에 담가 충분히 흡수시킨다. 물통 바닥에는 반드시 배수 구멍이 있어야 한다(8쪽 참고). 구멍 위에 화분 조각을 놓아 배양토가 구멍을 막지 않도록 한다.

2 물통에 배양토를 반만 채우고 표면을 고른다. 배양토가 부족한 공간이 생기지 않도록 유의한다.

1

2

관리 방법

블루베리는 석회암 토양을
싫어하며 pH 5.5 이하의 산성
토양을 좋아한다. 따라서 진달래과
식물 전용 배양토에 심어야 한다.
블루베리에는 가능하면 빗물을
받아서 주는 게 좋은데 수돗물을
주면 배양토의 pH 농도를
높이기 때문이다.

3 블루베리를 물통 가운데 약간 뒤쪽에 심는다. 식물의 근발 표면은 물통 테두리에서 5센티미터 정도 아래에 위치시킨다. 심을 때 필요에 따라 배양토를 가감한다.

4 솔체꽃을 포트에서 뽑고 만약 포트 안에서 뿌리가 너무 뭉쳐졌다면 약간 풀어 준다. 이렇게 하면 새 용기에서 새 뿌리가 다시 내리고 뻗는 데 도움이 된다.

5 솔체꽃을 물통 앞쪽에 차례로 심는다. 이때 네메시아를 심을 공간을 남겨 두어야 된다. 마찬가지로 솔체꽃도 심은 후 근발의 윗면이 블루베리의 근발과 같은 높이가 되도록 한다.

6 같은 방법으로 네메시아를 물통에 심는다. 배열 상태를 점검하여 조화가 되도록 위치를 약간씩 조정하면 더욱 좋을 것이다.

7 배양토를 한 움큼 추가하여 식물 주변에 빈 곳이 없도록 잘 다져 준다. 배양토의 표면을 보기 좋게 평평하게 고르고 물을 준다.

녹슨 긴 구유에 딸기 기르기

구유 같은 용기에 식용식물을 심으면 먹거리가 제공될 뿐만 아니라 보기에도 좋다. 사람들을 초대하여 함께 잘 익은 딸기를 따는 것은 커다란 기쁨이 될 것이다. 또한 함께 심은 허브 및 제비꽃 같은 식용 꽃은 아름다운 장식이 되면서 실용적이기도 하다. 바질이나 파슬리 같은 허브를 함께 심으면 구유 안에서도 잘 자라며 맛 또한 일품이다.

준비물

금속 구유
망치와 튼튼한 못
배수용 화분 조각
배양토

준비할 식물

양딸기 3포기
타임 '실버 포지'
제비꽃 2포기

1 식물의 뿌리를 약 10분간 물에 담가 흡수시킨다. 구유의 바닥에 배수 구멍이 없다면 못과 망치를 사용하여 배수 구멍을 뚫는다.

2 구유의 바닥에 화분 조각을 깔아 배양토에 의해 배수 구멍이 막히는 것을 방지한다.

3 구유의 절반 정도까지 배양토를 채운다.

4 딸기를 포트에서 뽑고 뿌리를 약간 풀어 준다. 구유에 심을 때는 배양토로 잘 고정되게 한다. 포기 간의 간격을 일정하게 유지하며 남은 2포기를 마저 심는다.

5 제비꽃 2포기를 같은 방법으로 심는다.

6 타임을 다른 식물 사이의 빈 곳에 심는다. 배양토를 추가로 넣고 잘 다져 빈 공간이 없게 한다. 원한다면 또 다른 구유에도 같은 방법으로 심는다. 물을 주고 배수를 시킨다.

관리 방법

주기적으로 배양토를 살피고
적당한 습기를 유지하도록 한다.
그러나 너무 습하지 않게 하는 것이
좋다. 성장기에는 토마토에 주는
퇴비를 약간 주면 열매를 맺는 데
도움이 된다. 가장 맛있는 딸기를
먹고 싶다면 하루 중 가장 기온이
높은 시간에 따면 된다.

바구니에 샐러드용 잎채소 기르기

생채용 식물은 재배하기 쉽고 또 작은 공간에서도 기를 수 있다. 누구나 기를 수 있는 게 채소이다. 바구니는 채소 재배에 안성맞춤인데 배수 구멍이 잘 나있는 데다 햇빛이 잘 비치는 곳에 쉽게 옮겨 놓을 수도 있고 또 테이블 위에 올려놓고 바로 따서 먹을 수도 있기 때문이다.

준비물

철망 바구니
이끼
배양토

준비할 식물

적겨자
배추
적상추
토마토
자주색 바질
수영
적근대

1

2

1 배양토가 흘러 나가지 않게 바닥을 이끼로 감싼다.

2 바구니의 옆 부분에 이끼를 붙이고 누른 채 배양토를 채워 이끼를 고정시킨다.

3 계속하여 바구니 옆 부분에 이끼를 붙인다. 이끼를 약간씩 서로 겹쳐 빈틈이 생기지 않도록 한다.

4 바구니에 배양토를 채우고 윗면을 고른다.

5 토마토 뿌리를 물에 담근 후 포트에서 뽑아 바구니 가운데에 심는다. 뿌리를 배양토 속에 묻어 근발의 윗면이 배양토 표면과 같게 한다.

6 모종판에서 채소 모종을 조심스럽게 뽑아 바구니 앞쪽에 심는다. 모종 간 간격은 3센티미터 이상으로 유지한다.

7 채소 모종을 토마토의 옆에도 심는다.

8 반대쪽에도 모종을 심는다. 다른 바구니도 같은 방법으로 심어 보자. 식재가 끝나면 물을 주고 배수를 시킨다.

관리 방법
필요할 때마다 채소 잎을 따
먹어도 된다. 경우에 따라서는
재배 도중 채소 모종을 추가로 심을
수도 있다. 적당히 그리고 꾸준히
물을 잘 주는 것이 중요하다. 너무
말렸다가 흠뻑 주고는 하면 토마토
열매가 터질 수도 있다. 토마토는
자람에 따라 기둥을 세워 묶어
주어야 한다.

낡은 용기에 허브 기르기

허브는 용기에 재배하기 정말 좋은 식물이다. 보기도 좋고 기르기도 쉬우며 요리할 때 조금씩 뜯어 쓰면 좋은 풍미를 제공하기 때문이다. 만약 정원이 없는데 허브를 재배하고 싶다면 중고 시장이나 벼룩시장에서 낡은 양철통이나 그릇을 구한 다음 다양한 허브를 심고 좋아하는 순서대로 배열하면 된다.

준비물

서로 대조적인 색 또는 비슷한 색을 가진 낡은 양철통 및 그릇

망치와 튼튼한 못

배수를 위한 화분 조각

잔자갈

배양토

준비할 식물

라벤더

오레가노

보라색 세이지

골든 레몬 타임

실버 타임

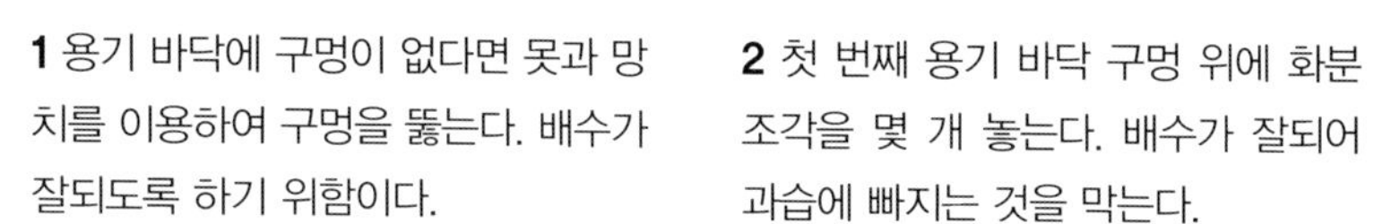

1 용기 바닥에 구멍이 없다면 못과 망치를 이용하여 구멍을 뚫는다. 배수가 잘되도록 하기 위함이다.

2 첫 번째 용기 바닥 구멍 위에 화분 조각을 몇 개 놓는다. 배수가 잘되어 과습에 빠지는 것을 막는다.

3 바닥에 잔자갈을 1센티미터 정도 두께로 깐다. 잔자갈 역시 배수가 잘되게 해 준다.

4 배양토를 용기 높이의 1/3 정도까지 채우고 표면을 고른다.

5 식물의 뿌리를 물에 담가 충분히 흡수시킨 후 포트에서 뽑는다. 먼저 오레가노를 용기의 한쪽에 심는다. 식물의 근발 표면이 용기의 테두리보다 반드시 낮아야 한다.

6 라벤더를 심는다. 마찬가지로 근발의 높이를 맞춘다.

7 두 포기의 식물 주변에 추가로 배양토를 채우고 잘 다진다.

8 배양토 위에 잔자갈을 깔아 주면 배양토의 습기가 잘 유지되며 보기에도 아름답다.

9 다른 용기에도 각종 허브를 심어 보자. 조심해서 물을 주고 배수를 시킨다.

관리 방법

주기적으로 허브 용기의 배양토를 관찰하고 적당한 습기가 유지되게 한다. 그러나 너무 젖은 상태는 좋지 않다. 성장이 잘되게 하려면 2-3주에 한 번 정도씩 일반 용도의 영양제를 준다.

새싹 채소로 작은 녹색 탑 만들기

요즘 새싹 채소의 인기가 매우 높은데 새싹 채소는 의외로 기르기 쉽다. 이 과정의 핵심은 새싹 채소를 길러서 아직 어릴 때 수확한 다음 샐러드를 만들어 강한 향기와 맛을 즐기는 것이다. 얕은 쟁반 등이라면 새싹 채소를 충분히 기를 수 있다. 이번에 소개할 녹색 탑은 새싹 채소를 재미있게 기르는 방법으로, 야외 식사를 할 때 식탁을 멋지게 장식할 수도 있다. 가위만 몇 개 준비해 두면 손님들은 스스로 새싹 채소를 잘라 즐길 수 있을 것이다.

준비물

금속 사탕 통이나 서로 다른 크기의 그릇 4개

배양토

준비할 식물

완두

무

바질

당근

시금치

루꼴라

1 가장 큰 통이나 그릇부터 배양토를 채운다. 배양토가 덩어리졌으면 잘 깨뜨린다.

2 손으로 배양토를 꾹꾹 눌러 단단해질 때까지 잘 다진다. 이 위에 그 다음 용기를 얹게 될 것이다.

3 두 번째 큰 용기를 첫 번째 용기 중앙에 올려놓는다. 두 번째 용기에도 배양토를 채우고 마찬가지로 손으로 눌러 단단히 다진다.

4 세 번째로 큰 용기를 두 번째 용기 위에 올려놓는다. 같은 방법으로 용기에 배양토를 채워 잘 다지고 그 위에 가장 작은 용기를 올린다. 마지막 용기에도 배양토를 채운다.

5 맨 위쪽 용기의 배양토에 종자를 뿌린다(여기서는 완두 종자를 뿌렸다.). 종자는 촘촘하게 뿌려야 어린 모종이 밀집하여 보기 좋게 자란다.

6 그 다음 층 용기의 배양토에도 차례로 종자를 뿌린다(여기서는 무와 함께 또 다른 콩 종류를 심었다.). 여기서도 마찬가지로 종자를 촘촘하게 뿌리도록 한다.

7 파종한 종자 전체에 골고루 물을 잘 준다. 용기 탑은 따뜻한 창가에 두는 것이 좋으며 배양토가 촉촉하게 젖은 상태가 유지되도록 관리한다.

3 4 5 6

7

관리 방법

종자가 발아하는 데는 1-2주 정도 걸린다. 순은 아직 어릴 때부터 잘라 먹을 수 있으나 기호에 따라 조금 더 자란 후에 잘라 먹어도 된다. 새싹을 자를 때는 배양토 조금 위에서 줄기를 자르면 된다.

금속 항아리에 나무딸기 기르기

열매를 맺는 식물을 재배하는 것은 매우 흥미로운데 식물 자체의 관상 가치가 높으면 더욱 좋을 것이다. 나무딸기는 맛있고 과즙이 많은 딸기가 많이 열리는 데다 잎은 가을에 단풍이 들면 녹색에서 분홍색, 주황색 또는 노란색으로 변하기 때문에 수개월에 걸쳐 사랑스러운 모습을 자랑하게 된다. 뿌리가 뻗을 수 있는 공간이 넉넉한 용기를 선택하여 아름다운 꽃이 피는 동자꽃을 곁들여 심는다면 멋진 화분이 될 것이다.

준비물

금속 항아리
망치와 튼튼한 못(선택 사항)
배수용 화분 조각

준비할 식물

플로스쿠쿨리동자꽃 '제니'
나무딸기

1 준비된 식물은 모두 충분히 물을 흡수할 때까지 20분 정도 물에 담근다. 못과 망치를 이용하여 항아리의 바닥에 배수 구멍을 몇 개 뚫는다. 배수가 잘되도록 배수 구멍 위에 화분 조각을 깐다.

2 바닥에 잔자갈을 한 층 깐다. 이 역시 배수가 잘되도록 하기 위함이다.

3 항아리의 절반 정도 높이까지 배양토를 채우고 위를 평평하게 고른다.

4 나무딸기를 포트에서 뽑아 뿌리가 자랄 수 있도록 뿌리를 약간 풀어 준다. 항아리의 약간 뒤쪽에 심는데, 근발의 윗부분은 항아리의 테두리보다 3센티미터 정도 낮아야 된다.

5 동자꽃을 포트에서 뽑아 나무딸기 바로 앞에 심는다.

6 항아리에 배양토를 추가하고 단단히 다져 식물이 흔들리지 않게 한다. 물을 주고 배수시킨다.

관리 방법

배양토는 습기가 적당히 유지되게 관리하고 봄과 가을에는 일반적인 용도의 영양제(10쪽 참고)를 준다. 나무딸기는 열매가 열린 다음에 여분의 줄기를 전정해 주면 항아리에서도 잘 자랄 것이다.

4장

테이블 정원

스툴 개조하여 봄꽃 기르기

페인트칠이 된 단순한 스툴이나 보조 테이블을 화분으로 개조하여 봄꽃을 심으면 적은 비용으로 매력적인 정원 장식이 가능하다. 이런 용기는 배수 구멍이 없으므로 배수가 잘되는 배양토를 사용해야 비가 자주 오는 계절에도 과습에 빠지지 않는다. 만약 계속되는 비로 배양토가 너무 습해져서 건조시킬 필요가 있을 때는 비를 맞지 않는 곳에 옮겨 둔다.

준비물

낡은 나무 스툴 또는 보조 테이블

식재 상자를 만드는 데 쓸 판자

긴 나사못과 드라이버 및 전기 드릴

검은색 비닐 시트

스테이플러

배양토

준비할 식물

클레마티스 백설공주

사두패모(체크패모, 뱀머리패모)

할미꽃 2포기

범의귀 3포기

튤립 3포기

1 스툴의 크기에 맞춰서 긴 판자 2개와 짧은 판자 2개를 잘라 스툴 위에 직육면체의 화분을 만든다. 상자를 만들 때는 우선 나사못으로 긴 판자와 짧은 판자를 서로 맞추어 틀을 만든 다음 스툴 위에 놓고 나사못으로 잘 고정하면 된다(나사못을 박기 전에 전기 드릴로 구멍을 뚫어 두면 작업이 쉽다.).

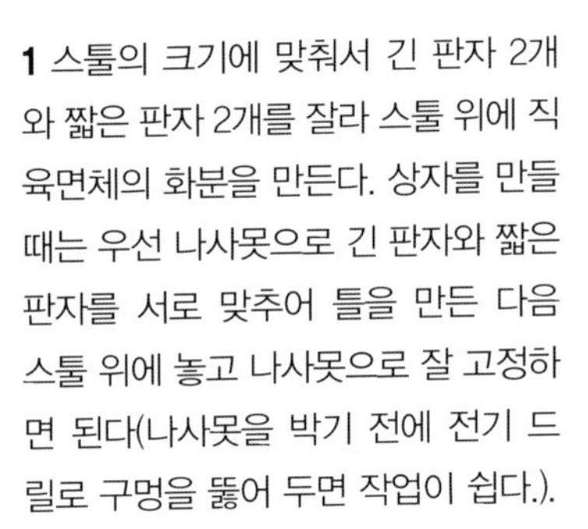

2

3

4

5

6

2 비닐 시트를 잘라 상자 내부에 덧대고 스테이플러로 박아 고정한다. 비닐을 덧대는 것은 목재가 직접 물기에 접촉하지 않도록 하여 보호하기 위해서이다.

3 상자의 절반까지 배양토를 채우고 위를 평평하게 고른다.

4 튤립을 상자의 뒤쪽에 심는다. 심은 식물 주변에 배양토를 덮어 쓰러지지 않게 한다.

5 다음 식물은 뿌리를 물속에 담가 흡수시킨다. 먼저 할미꽃을 심고 그 다음 패모를 심는다.

6 범의귀를 상자 앞쪽 구석에 심어 일부 줄기를 상자 밖으로 늘어지게 한다.

7

8

7 남은 범의귀 중 한 포기는 반대편 구석에 심고 마지막 한 포기는 맨 앞에 심는다. 클레마티스는 범의귀 사이에 비집고 심는다.

8 빈 곳이 없게 배양토를 더 채우고 표면을 평평하게 고른다. 상자가 식물로 가득 차 보여야 보기 좋다. 배양토가 촉촉해지도록 물을 주되 과습하지 않게 한다.

관리 방법

상자 속 배양토를 주기적으로 살피고 마르면 물을 준다. 꽃이 진 후 튤립의 잎은 그대로 두어야 이듬해 꽃이 피는 데 지장이 없다.

작은 탁자 화분에 노란색 화초 기르기

평소 노란색 꽃의 열렬한 팬이 아니더라도, 큰꽃금계국을 어두운 배경 앞에 두면 그 아름다움에 놀랄 것이다. 중고 시장 등에서 나무 상자와 작은 테이블을 구하여 똑같은 색으로 페인트칠을 하고 멋진 화분을 만들어 보자. 나무 상자의 깊이는 깊은 것이 좋다. 식물을 심을 때 뿌리를 상하게 하지 않고 심을 수 있기 때문이다.

준비물

작은 테이블
테이블 크기에 맞는 나무 상자
전기 드릴
나사못과 드라이버
가위
검은색 비닐 시트
스테이플러
배양토

준비할 식물

큰꽃금계국 '얼리 선라이즈' 3포기
뱀무
아이비 3포기

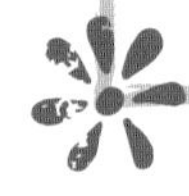

관리 방법

필요할 때마다 물을 주되 과습에 빠지지 않도록 해야 한다. 주기적으로 시든 꽃대를 제거하면 깔끔하여 보기에도 좋고 또 꽃이 많이 피게 하는 효과도 있다.

1

2

3

4

5

6

1 심을 식물은 모두 뿌리를 20분 정도 물에 담가 흡수시킨다. 전기 드릴로 나무 상자의 바닥에 네 개의 구멍을 뚫고 테이블 위에 얹어 나사못으로 테이블 위에 고정한다.

2 비닐 시트를 잘라 나무 상자의 안쪽에 덧대고 스테이플러로 찍어 고정한다. 비닐을 잘 접어 넣고 구석까지 깔끔하게 마감하여 상자 위에서 봤을 때 보이지 않게 한다.

3 배양토를 약간 넣고 표면을 고른다.

4 먼저 뱀무를 포트에서 뽑아 뿌리 주변의 배양토를 약간 헤쳐 준 다음 상자 뒤쪽에 심는다.

5 같은 방법으로 큰꽃금계국도 근발의 배양토를 약간 제거하고 심는다.

6 아이비를 상자의 앞쪽에 심고 빈 곳이 없게 배양토를 더 넣는다. 상자에 물을 준다. 식물은 배양토가 심하게 젖어 있는 것을 싫어하므로 물은 너무 많이 주지 않는다.

작은 요정 정원

넓고 얕은 금속 냄비는 작고 깜찍한 '요정 정원'을 만들기에 안성맞춤이다. 용기 가장자리에 어울리도록 잎이 작으면서 키 작은 식물을 선택한다. 철망으로 만든 아치에는 베스카 딸기와 무엘렌베키아가 타고 오르게 한다. 마지막으로 이끼로 마감하여 요정들이 즐겁게 뛰어놀 수 있는 분위기를 연출한다.

준비물

크고 얕은 금속 냄비
망치와 튼튼한 못
배수용 화분 조각
잔자갈
배양토
이끼
닭장용 철망 약간(60×4cm)
아치를 지탱할 철사 2개
이끼를 심은 작은 포트 1개
(의자 장식용, 선택 사항)

요정 의자 준비물

나뭇가지
전정가위
글루건과 글루 스틱

준비할 식물

아카에나 마이크로필라
분홍리스본
오레곤개망초
베스카 딸기
알리섬
무엘렌베키아(트리안)
주걱세덤(다솔)
서양백리향
(크리핑 타임)

1 식물은 모두 뿌리를 물에 담가 충분히 흡수시킨다. 배수가 잘되도록 못과 망치를 사용하여 냄비 바닥 곳곳에 구멍을 뚫는다.

2 배수 구멍 위에 화분 조각을 놓아 배양토에 의해 구멍이 막히지 않도록 한다.

3 바닥에 잔자갈을 살짝 깐다. 배수가 잘되게 하기 위해서이다. 냄비 높이의 절반까지 배양토를 채우고 위를 고른다.

4 맨 먼저 오레곤개망초를 용기의 한쪽에 심는다. 줄기와 잎이 용기 가장자리 밖으로 살짝 벗어나도록 늘어뜨린다.

5 같은 방법으로 주걱세덤, 서양백리향, 알리섬 및 분홍리스본을 냄비 가장자리에 차례로 심는다.

6 베스카 딸기를 철망 아치 세울 곳 바로 앞에 심는다. 딸기 옆에는 무엘렌베키아를 조금 심어 아치의 반대편에서 타고 오르게 한다.

7 이끼를 배양토 윗면에 깐다. 이끼는 가급적 큰 조각으로 붙이되 가장자리 부근에는 작은 조각을 채워 빈 곳이 없게 한다. 이끼를 배양토에 꾹꾹 눌러 주고 가장자리는 서로 약간 겹치게 놓는다.

8 닭장용 철망을 아치 모양으로 구부려 설치한다. 아치 끝은 배양토 속으로 밀어 넣고 2개의 철사를 U자 모양으로 구부려 철망을 지지하게 묶어 준다.

9 딸기와 무엘렌베키아를 작은 아치 위에 올린다. 조심해서 잎을 철망 사이로 밀어 넣어 고정시키면 된다. '요정 의자'(만드는 방법은 아래에)는 아치 앞에 둔다. 의자 위에 작은 화분을 올려 두어도 좋다.

요정 의자 만드는 방법

1 15센티미터 길이의 나뭇가지 2개를 테이블 위에 수직으로 세운다. 다음에는 8센티미터 길이 나뭇가지 6개를 잘라 준비한다. 그중 2개를 긴 가지와 같이 나란히 배열하고 나머지는 긴 가지 사이에 수평으로 배열하여 글루건으로 나뭇가지를 접착시킨다.

2 역시 8센티미터 길이 나뭇가지를 8개 정도 잘라 붙여 의자의 양옆과 자리를 만든다.

3 12개 정도의 가지를 잘라 이 중 2개를 의자 바닥의 뒤쪽에 고정시킨다. 또한 2개를 의자 바닥에 가로질러 고정시켜 튼튼하게 한다. 3개의 가지를 의자의 등받이에 수평으로 고정하고 마지막으로 4개의 가지를 등받이에 수직으로 붙여서 등받이를 완성한다.

1
2
3
4
5
6
7
8
9

놋그릇에 심기

낡은 놋그릇은 재활용 가게에서 구할 수 있다. 깨끗이 닦아서 광택을 낼 수도 있지만, 자연스레 푸르스름하게 녹이 슨 색을 그대로 살려 아름다운 화초와 조화시키면 놋그릇의 질감을 살릴 수 있다.

준비물

놋그릇

망치와 튼튼한 못
(선택 사항)

잔자갈

배양토

준비할 식물

초콜릿 코스모스

홍지네고사리

꽃담배

사랑초(옥살리스)

범의귀

세덤 스푸리움(화모전)

솔레노스테몬

1

2

3

4

1 식물은 20분 정도 뿌리를 물에 담가 충분히 젖도록 한다. 바닥에 배수 구멍이 없다면 못과 망치를 사용하여 배수 구멍을 몇 개 뚫는다. 배수가 잘 되도록 바닥에 잔자갈 한 움큼을 깔아 준다. 그릇의 절반 높이 정도로 배양토를 채우고 평평하게 고른다.

2 먼저 코스모스를 그릇의 뒤쪽 가장자리 부근에 심는다.

3 그 다음 식물을 차례로 심는데, 키 큰 것은 가운데에, 작은 것은 그 앞쪽에 심는다.

4 세덤과 사랑초는 가장자리에 심어 줄기가 용기 밖으로 늘어지게 한다. 심긴 식물의 근발 높이는 모두 비슷해야 하며 심으면서 배양토는 필요에 따라 가감한다. 심은 후 빈 공간이 없도록 배양토를 첨가하며 잘 다져 식물이 흔들리지 않게 한다. 물을 주고 배수시킨다.

장미 정원 만들기

민트색의 페인트 통은 깜찍한 분홍색 미니 장미를 심으면 제격이고 식탁 장식용으로도 좋다. 보다 큰 통 위에 작은 통을 올려놓아 2단으로 하면 심을 공간도 더 많아지며 진정한 용기 정원의 결정판이 될 수 있을 것이다. 미니 장미는 이따금 꽃집에서 싸게 구입할 수 있기 때문에 적은 비용으로 테이블 정원을 꾸밀 수 있다.

준비물

페인트 통 2개
(작은 것과 큰 것)

망치와 튼튼한 못

배수용 화분 조각
(선택 사항)

배양토

작은 플라스틱 화분
(위에 얹을 작은 통의 받침용)

준비할 식물

아이비 4포기

분홍색 미니 장미 6포기

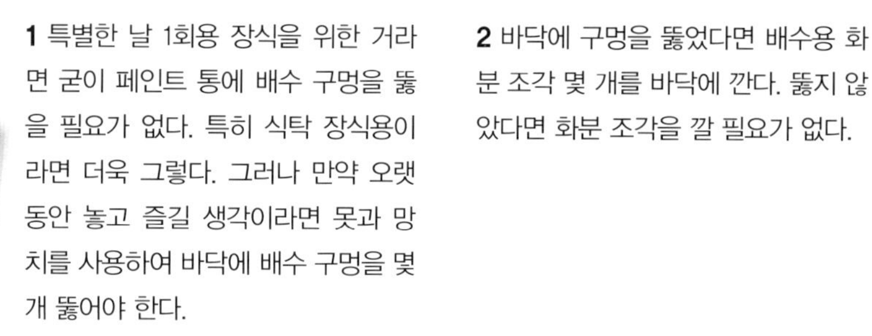

1 특별한 날 1회용 장식을 위한 거라면 굳이 페인트 통에 배수 구멍을 뚫을 필요가 없다. 특히 식탁 장식용이라면 더욱 그렇다. 그러나 만약 오랫동안 놓고 즐길 생각이라면 못과 망치를 사용하여 바닥에 배수 구멍을 몇 개 뚫어야 한다.

2 바닥에 구멍을 뚫었다면 배수용 화분 조각 몇 개를 바닥에 깐다. 뚫지 않았다면 화분 조각을 깔 필요가 없다.

3 작은 페인트 통에 배양토를 채운다. 식물의 뿌리는 물에 잠깐 담가 흡수시킨 후 근발에서 물이 뚝뚝 떨어지지 않을 정도로 배수가 되게 잠시 둔다. 장미 두 줄기를 작은 통에 심고 뿌리 주변에 적당히 배양토를 더 채운다.

4 큰 페인트 통에 배양토를 절반 정도 채우고 플라스틱 화분을 뒤집어 가운데에 묻는다. 플라스틱 화분의 꼭대기(원래는 화분 바닥)는 용기 높이의 2/3 정도 높이가 되게 한다. 배양토의 표면이 화분 꼭대기와 일치하게 배양토를 더 넣고 꾹꾹 누른다.

5 작은 통을 큰 통 안 플라스틱 화분 바로 위에 올린다.

6 나머지 장미를 포트에서 뽑는다. 뿌리 주변의 배양토를 약간 털어 내서 근발을 조금 작게 한 다음 큰 통에 차례로 심는다. 뿌리를 조심스럽게 배양토 속에 밀어 넣으면 된다. 같은 방법으로 나머지 장미를 심는다.

7 아이비를 큰 통의 장미 사이사이에 심는다. 빈틈에 배양토를 더 넣어 잘 채운다. 물을 준다.

관리 방법

배양토는 습기가 잘 유지되게 한다. 그러나 너무 습하면 좋지 않다. 특히 용기 바닥에 배수 구멍이 없다면 과습은 더욱 해롭다. 장미의 시든 꽃대를 주기적으로 잘라 주면 꽃이 더 많이 핀다. 특별한 날 장식으로 사용할 경우 이벤트 직전에 분무기로 식물에 물을 뿌려 주면 훨씬 싱그럽고 보기 좋을 것이다.

통조림 캔에 덩굴식물 기르기

통조림 캔을 재활용하여 만든 걸이 화분은 만들기도 쉽고 보기도 좋다. 캔의 가장자리 밖으로 넘쳐 자라는 식물이 좋으며, 일부가 아래로 길게 늘어지게 하면 더욱 좋다. 캔에 물을 주고 난 다음에는 충분히 배수시킨 후 매달아야 하는데, 그렇지 않으면 테이블에 물이 뚝뚝 떨어질 것이다.

준비물

라벨을 제거한 깨끗한 빈 통조림 캔

망치와 튼튼한 못

잔자갈

배양토

아연 도금 된 철사

장식용 새 모형(선택 사항)

플라이어(선택 사항)

준비할 식물

미니 페튜니아

홍지네고사리

가자니아 데이브레이크

황금리시마키아 '아우레아'(옐로 체인)

백일홍

관리 방법

작은 용기 화분은 쉽게 마를 수 있는데 특히 더운 날씨에는 더 빨리 마른다. 따라서 배양토를 주기적으로 점검하고 적당하게 물을 주어야 한다. 또 지속적으로 꽃을 보려면 시든 꽃대를 제때 잘라 주는 게 좋다.

1
2
3
4
5
6
7
8

1 식물은 모두 뿌리가 충분히 물에 젖도록 10분 정도 담가 흡수시킨다. 망치와 못을 사용하여 캔의 위쪽 테두리 가까이에 구멍을 뚫는다. 그래야 완성된 후 걸어 놓을 수 있다.

2 캔을 거꾸로 엎어 바닥에 몇 개의 배수 구멍을 뚫는다.

3 캔의 바닥에 두 움큼 정도의 잔자갈을 넣어 배양토가 흥건하게 물에 젖는 것을 방지한다.

4 캔에 배양토를 채운다. 캔 높이의 절반 정도가 좋다.

5 식물 뿌리 주위의 배양토를 약간 제거하여 근발의 크기를 줄이고 뿌리도 약간 풀어 준 다음 캔에 심는다. 필요하면 배양토를 첨가해도 좋으나 배양토의 높이는 캔의 테두리보다 3센티미터 정도 낮아야 한다.

6 긴 철사(캔을 매달고자 하는 높이에 따라 길이 조절)를 준비하여 한쪽 끝을 캔의 테두리 부근에 뚫어 둔 구멍으로 집어넣고 끝을 구부려 잘 고정한다.

7 철사의 반대쪽 끝도 고리를 만들어 또 다른 캔 화분을 매단다. 철사의 길이를 조금씩 달리하여 캔을 매달아 두면 재미있는 모습이 된다.

8 사진과 같이 예쁜 새를 꼭대기에 장식할 수도 있다. 플라이어 같은 공구를 이용하면 장식을 매달기 편하다.

금속 물통에 푸른색과 흰색 꽃 기르기

테이블 위에 식물을 심은 용기들을 모아 놓으면 시선을 사로잡을 수 있으며, 식물들의 단순한 색 조합만으로도 쉽게 매력적인 연출을 할 수 있다. 푸른색과 흰색 꽃의 식물은 조화가 잘되므로 이들을 다양한 크기의 용기에 심어 꾸며 본다면 더욱 흥미로울 것이다.

1 식물의 뿌리가 충분히 물에 젖도록 20분 정도 물에 담가 흡수시킨다. 배수가 잘되도록 못과 망치를 사용하여 용기의 바닥에 구멍을 몇 개 뚫는다.

2 각 용기 바닥에 배수용 화분 조각을 몇 개씩 깔아 배양토가 배수 구멍을 막는 것을 방지한다.

준비물

아연 도금 된 금속 물통
망치와 튼튼한 못
배수용 화분 조각
잔자갈
배양토

준비할 식물

우단점나도나물(하설초)
비비추 '블루 카뎃'
비비추 '셰르본 스위프트'
잉글리시 라벤더
오레가노
파라헤베
샐비어 네모로사
세이지
백묘국

관리 방법

날씨가 따뜻할 때는
정기적으로 물을 주어야
하며 여름철에는 일반 용도의
영양제(10쪽 참고)를 2-3주에
한 번씩 주면 건강하게
유지될 것이다.

3 역시 배수가 잘되도록 바닥에 잔자갈을 2센티미터 정도 두께로 깐다.

4 용기 높이의 절반 정도까지 배양토를 채우고 윗면을 평평하게 고른다.

5 첫 번째로 심을 식물을 포트에서 뽑아 뿌리를 약간 풀어 준다.

6 식물을 용기에 심는다. 필요하다면 배양토를 첨가한다. 나머지 용기에도 같은 방법으로 심는다. 물을 주고 배수가 되도록 기다린다.

꽃 샹들리에 만들기

예쁜 꽃 샹들리에 역시 테이블 장식으로 그만이다. 이런 용도로는 모종판에 심어서 파는 식물이 적당한데 그 이유는 뿌리가 적고 또 한정된 공간에서 밀집 상태로 잘 자라기 때문이다.

준비물

이끼
화관 받침용 철사 테(직경 35cm)
배양토
가는 구리철사(또는 일반 철사)
플라이어
아연 도금 철사
(꽃 샹들리에 매다는 용)

준비할 식물

바코파
사계국화
미니 페튜니아
알리섬

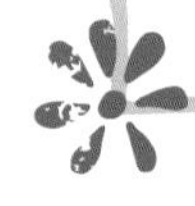

1

2

1 이끼를 테이블 위에 원 모양으로 펼친다. 화관 받침용 철사 테를 펼쳐 둔 이끼 위에 놓는다. 이끼가 빈 곳이 있으면 채우고 다듬어 고른다.

2 배양토를 한 움큼 화관 받침 위에 뿌린다.

3 이끼를 화관 받침과 배양토 쪽으로 말고, 가는 구리철사를 감아서 묶는다. 구리철사로 이끼와 배양토를 끝까지 감아 나간다. 이끼가 빈 곳이 있다고 크게 걱정할 필요는 없지만 배양토가 흘러내려서는 곤란하다.

4 식물은 몇 분 정도 뿌리를 물에 담가 흡수시킨다. 모종판에서 식물을 뽑아 뿌리를 약간 헤쳐 준다. 만들어 둔 이끼 화관의 위를 손가락으로 헤치고 식물의 뿌리를 조심하여 집어 넣어 심는다.

5 계속하여 같은 방법으로 보기 좋을 때까지 화관 전체에 식물을 가득 심는다.

6 식물을 모두 심고 나면 화관에 철사를 더 감아 식물이 잘 고정되게 하고 마지막으로 철사를 매듭지어 마무리한다. 화관 전체에 물을 주고 테이블 위에 매달기 전에 충분히 배수시킨다.

7 완성된 화관을 샹들리에처럼 매달 때는 긴 철사 두 가닥을 준비한다. 철사의 길이는 화관을 매다는 높이에 따라 결정되는데, 높이의 2배에 60센티미터 정도를 더한 길이로 자른다. 철사 두 가닥의 양 끝을 각각 화관에 감아 고정한다. 이때 각 철사를 일정한 간격을 유지하며 화관에 감도록 한다. 두 철사의 중앙부를 모아 서로 꼬면 화관의 균형이 잘 유지된다. 완성된 샹들리에는 정원의 아치 구조물 같은 적당한 장소에 걸어 둔다.

관리 방법

날씨가 따뜻하면 이끼와 배양토가 매우 쉽게 마르므로 자주 점검해야 한다. 더운 날씨에는 수시로 분무해 주고 매일 물을 주어야 한다.

크림색 법랑 냄비에 자주색과 주황색 꽃 기르기

심플한 법랑 냄비는 다양한 식물을 심어 무성한 모습으로 만들기 좋다. 키 큰 식물은 뒤쪽에, 키 작은 식물은 앞쪽에 심고 줄기가 늘어지는 식물을 가장자리에 심어 용기 밖으로 늘어뜨리면 멋진 모습을 연출할 수 있다. 색을 다양하게 조합하는 것도 매우 재미있을 것이다.

1 식물은 모두 뿌리가 충분히 젖도록 20분 정도 물에 담근다. 냄비 바닥에는 못과 망치를 이용하여 배수 구멍을 몇 군데 뚫는다.

2 냄비 바닥에 배수용 화분 조각을 깔아 배양토가 배수 구멍을 막는 것을 방지한다.

준비물

큰 법랑 냄비

망치와 튼튼한 못

배수용 화분 조각

배양토

준비할 식물

센토레아 몬타나
(몬타나 수레국화)

황금리시마키아
'아우레아'
(옐로 체인)

황적색 아프리칸 데이지

제라늄

세이지

서양딱총나무(엘더)

매화헐떡이풀 '스프링 심포니'

팬지

3 냄비의 절반 정도 높이로 배양토를 채우고 윗면을 고른다.

4 서양딱총나무를 냄비의 한쪽에 심고 배양토로 잘 고정한다.

5 뒤쪽에는 샐비어를 심는다. 제라늄을 샐비어 앞에 심고 배양토를 잘 다져 고정한다.

6 같은 방법으로 매화헐떡이풀을 제라늄 옆에 심는다.

7 리시마키아를 맨 앞에 심어 줄기가 냄비 밖으로 늘어지게 한다. 마지막으로 팬지를 먼저 심은 식물들 틈새에 비집고 심는다. 배양토를 더 채워 넣고 잘 다져서 빈 공간이 없게 하고 표면을 평평하게 고른다. 물을 주고 배수시킨다.

관리 방법

냄비 속에 식물들을 빽빽하게 심었기 때문에 곧 배양토의 양분이 고갈될 것이다. 일반 용도의 영양제(10쪽 참고)를 2주마다 주면 좋다.

감사의 말

몇 권의 책을 쓰면서 계속 데비 패터슨과 함께 일을 해왔다. 데비는 언제나 열정적이었고 침착한 접근과 놀라울 정도의 창조적인 안목으로 나를 놀라게 했다. 다시 한 번 데비에게 감사를 표한다. 이번 책을 준비하면서도 함께할 수 있어 무척 즐거웠다. 그렇게 디테일한 사진을 멋지게 만들어 내다니!

적극적으로 성원해 주고 또 전문 지식과 열정으로 훌륭하게 편집을 해 준 캐롤라인 웨스트에게도 감사를 표한다. 루애나 고보는 화려하게 편집을 해 주었고, 케리 루이스는 매우 효율적으로 내용을 구성해 주었다. 안나 가르키나는 전체를 조율해 주었고 신디 리처드는 내게 이 책의 출간을 의뢰하여 훌륭한 팀원과 함께 일할 수 있게 해 주었다.

마지막으로 우리 가족 로리, 그레이시 그리고 베티에게 고마움을 표하고 싶다. 이들이 아니었으면 나는 아무 일도 할 수 없었을 것이다. 다시 한 번 사랑한다는 말을 전하고 싶다.

엠마 하디

전국 유명 화훼 시장

aT화훼공판장

'양재동 꽃시장'으로 알려져 있는 곳으로, 국내 최대의 화훼 시장이다. 생화 매장과 분화 온실, 자재 매장 등을 운영하며 꽃꽂이 원데이클래스 등도 진행한다. 2018년 4월부터 '소매상 등록제'를 시행하여 소매사업자만 절화 매장을 이용할 수 있다.

서울특별시 서초구 강남대로 27

서울고속버스터미널 화훼도매상가

터미널 3층에 위치하고 있으며, 생화 시장과 조화 시장으로 나뉜다. 근처 지하철역 상가에 정원용품 소매점이 많다는 것이 장점이다. 내부가 복잡하여 처음 가는 사람은 헤맬 수 있으니 조심하자. 일요일은 문을 닫는다. 2018년 4월부터 '소매상 등록제'를 시행하여 소매사업자만 이용할 수 있다.

서울특별시 서초구 신반포로 194

남대문 대도 꽃도매상가

시내 중심가에 위치하고 있고 소매로도 꽃을 판매하기 때문에 규모는 작아도 일반인들이 많이 찾는다. 도매는 새벽 3시~오후 3, 4시, 소매는 새벽 5시~오후 6시 무렵까지 영업한다. 일요일은 문을 닫는다.

서울특별시 중구 남대문시장4길 21 E-월드 3층

종로 꽃시장

종로5가역과 동대문역 사이에 있는 종로5가 꽃시장은 다육식물이나 묘목, 구근을 구입하기에 좋은 곳이다. 오전 9시부터 오후 6시 무렵까지 영업하기 때문에 나들이겸 가기에도 좋다.

서울특별시 종로구 종로6가 28-8

한국화훼농협 플라워마트

화훼농업인들이 출자하여 설립한 한국화훼농협의 꽃시장이다. '하나로 꽃시장'으로도 불린다. 유동 인구가 많아서 늘 사람이 많다.

경기도 고양시 일산서구 대화로 362

대전 둔산 꽃도매시장

지하 1층에는 도매시장, 지상 1층에는 소매시장이 함께 있는 꽃시장이다. 영업시간은 아침 9시~오후 8시이며, 일요일은 휴무이다. 포장에 필요한 각종 부자재도 함께 판매한다.

대전광역시 서구 둔산북로 22

광주원예농협 화훼공판장

'매월동 꽃시장'으로 알려져 있는 광주 최대 규모의 꽃시장이다. 농수산물과 청과물 도매시장이 근처에 있어 함께 둘러보기 좋다.

광주광역시 서구 매월1로 7

부산 자유도매시장 꽃시장

부산의 대표 재래 도매시장인 자유도매시장 건물 3층에 있다. 생화와 조화 그리고 정원용품 등을 판매하며, 도매 및 소매로 판매한다. 연중무휴이다.

부산광역시 동구 조방로 48

대구 꽃백화점

'칠성 꽃시장'이라 불리는 곳으로, 대구역 근처에 있다. 1층에는 화분과 나무, 2층에는 생화 그리고 3층에는 조화와 화훼용품 등이 있다. 일요일은 휴무이다.

대구광역시 북구 칠성남로 164

찾아보기